# 数学博弈与游戏

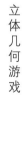

[苏] 多莫里亚特 著

杨之 译

◎ 算术游戏

◎ 中外古典博弈

◎ 平面几何游戏

◎ 立体几何游戏

◎ 逻辑性问题与杂题

哈尔滨工业大学出版社
HARBIN INSTITUTE OF TECHNOLOGY PRESS

U0125214

## 内 容 简 介

这是一本关于数学博弈与游戏的通俗读物,内容属于初等数论和组合分析初步范围.本书既介绍了国内外广为流传的柳克博弈、哈密尔顿博弈、索里杰尔、纵横图、迷宫、围棋和象棋等"古典"的博弈与游戏,又介绍了图形重组、绘制美丽的曲线、制作多面体模型等"现代"的游戏.

本书可供对数学博弈感兴趣的爱好者参考使用,同时对工艺美术、建筑、编织等行业的工作者,亦有一定的参考价值.

**图书在版编目(CIP)数据**

数学博弈与游戏/(苏)多莫里亚特著;杨之译. —哈尔滨:哈尔滨工业大学出版社,2023.10
ISBN 978 - 7 - 5767 - 0629 - 1

Ⅰ.①数… Ⅱ.①多… ②杨… Ⅲ.①数学-普及读物 Ⅳ.①O1 - 49

中国国家版本馆 CIP 数据核字(2023)第 032552 号

SHUXUE BOYI YU YOUXI

策划编辑 刘培杰 张永芹
责任编辑 关虹玲 穆方圆
封面设计 孙茵艾
出版发行 哈尔滨工业大学出版社
社 址 哈尔滨市南岗区复华四道街 10 号 邮编 150006
传 真 0451－86414749
网 址 http://hitpress.hit.edu.cn
印 刷 哈尔滨博奇印刷有限公司
开 本 787 mm×960 mm 1/16 印张 16.25 字数 158 千字
版 次 2023 年 10 月第 1 版 2023 年 10 月第 1 次印刷
书 号 ISBN 978 - 7 - 5767 - 0629 - 1
定 价 68.00 元

## ⊙ 前言

　　我国古代流传下来的民间算题和数学游戏是相当丰富的,如"有物不知数(韩信点兵)"、捡石子游戏、纵横图(幻方)、九连环、折叠问题、迷宫、"麻将"牌、各种棋类,特别是闻名世界的围棋和象棋,都是古代劳动人民智慧的结晶.这些游戏和博弈引人入胜,妙趣横生,不仅丰富了人们的文化、娱乐活动,而且对发展智力、锻炼意志也有很好的作用.同时,在世界各国,也流传着许多著名游戏和博弈,如柳克博弈、哈密尔顿博弈、蒙日洗牌、印度古老的"索里杰尔"、斐波那契的兔子问题、哥尼斯堡七桥问题、扑克、桥牌,等等,有的已经通过各种形式传入我国民众之中.

在名目繁多的博弈和游戏中,有几类所谓的"古典博弈",特别引起了数学家们的注意.其一是与寻求问题的解法、解数和特殊解有关的游戏,如跳格、幻方、九连环、游览路线问题等,都属于这一类.其二是两人或多人的"数学博弈",如堆物博弈、多米诺骨牌游戏等.这种博弈规定了轮流选用的着法序列和需要共同遵守的规则,其主要兴趣在于对不同的初始"局势",预测胜者,指出胜者,或计算局势数.其三是"单人博弈",这是由一个人按一定的规则玩耍的游戏,比如"十五棋子游戏"、移盘游戏、"索里杰尔"等,对它的兴趣在于确定达到目标的条件,需要的最少着数等.

对这些游戏和博弈进行搜集、传播、整理和从理论上加以研究,是很有意义的事情.因为这些游戏和博弈,不仅为许多古老的和新兴的数学学科,如数论、概率论、博弈论、规划论、组合数学、图论、拓扑学、代数学等提供了素材,而且还促进了这些学科的诞生和发展.

在多莫里亚特的《数学博弈与游戏》中,搜集了包括中国古典游戏在内的大量著名数学游戏,原版征引了不少文献,并用浅显的数学方法对之进行深入透彻的分析,对某些游戏或博弈还建立了完整的理论.

除了古典游戏以外,本书还叙述了大量的"现代"游戏,如图形重组、绘制美丽的曲线、花纹和彩带、设计嵌木地板、制作多面体模型等,既有独特的数学趣味,又对工艺美术、建筑、编织以及日常生活有一定的实用价值.

然而本书并不深奥难懂,所用到的数学知识绝大部分是中学数学范围之内的,高中和大学低年级的学生可以阅读全部内容,甚至初中程度的数学爱好者也可以领会其大部分内容.更可贵的是,本书还提供了很多有价值的研究题目,每个人通过顽强而机敏的探索,都可能获得独特而又有趣的结果.本书搜集的数学游戏可供竞赛或游艺晚会上使用,可用来布置"数学游艺室",可以作为数学课外小组活动的内容.于是竞赛和研究的优秀成果,可以汇编成册,组织展览和观摩.

附录的内容是全书有关问题的注释和解答,在正文中以$(^1)(^2)$……注明.对于文中个别问题,译者也做了一些注释,标以"①"号,列在正文当页的下边.

最后应特别提到的是朱尧辰同志仔细审阅了全部译稿,提出的宝贵意见使译者避免了不少错误,在此谨表谢忱.

由于水平所限,书中难免有不足之处,望读者指正.

杨 之

**2022 年 12 月**

目

录

# 算术游戏

## 1.1　各种计数制

一位数学爱好者在一本笔记簿上发现如下算式

```
  3205
 +4775
 ─────
 10202
```
（五加五得十二，写 2 心里记 1，等等）

```
   435
 ×  47
 ─────
  3713
  2164
 ─────
 25553
```
（五七得四十三，写 3 心里记 4，等等）

```
  3217
 -1452
 ─────
  1545
```

$$\sqrt{104231}=273$$

```
       4
 47 | 442
 × 7 | 421
 ─────────
 563 | 2131
   3 | 2131
 ─────────
         0
```

初看这些算式，令人感到十分奇怪，但若想到这是在八进制下计算的，就很自然了.

　　事实上,在我们惯常应用的计数方法中,是以一个数的各位数字(与该数字所占位置有关,这叫位置原则)指出它所表示的是个、十、百等的个数,或是十分之一、百分之一等的个数.

　　取任一自然数 $K$ 为计数制的基数,这就是说,一个数位上的 $K$ 个单位构成它紧挨着的前一个数位上的一个单位,这就叫作 $K$ 进制计数.

　　如果 $K < 10$,那么 $K$ 到 9 这几个数字就是不必要的了(如在前面的算式中就不出现 8 和 9).如果 $K > 10$,那么 10 到 $K-1$ 这些数码需采用专门记号,例如在十二进制中,可以用 $\alpha$ 和 $\beta$ 分别表示 10 和 11.

　　在写 $K$ 进制数时,可用十进制数表示基数,并把它写在该数右下角的括号中.例如

$$
\begin{cases}
1101_{(2)} = 1 \times 2^3 + 1 \times 2^2 + 0 \times 2 + 1 = 13 \\
\alpha13\beta_{(12)} = 10 \times 12^3 + 1 \times 12^2 + 3 \times 12 + 11 = 17471 \\
1.672_{(8)} = 1 + \dfrac{6}{8} + \dfrac{7}{8^2} + \dfrac{2}{8^3} = \dfrac{477}{256}
\end{cases} \quad ①
$$

　　对较大的 $K$,10 到 $K-1$ 这几个数码可在相应的十进制数的上方加一杠来表示,例如

$$
\begin{cases}
100\overline{6}\overline{11}_{(16)} = 10 \times 16^3 + 6 \times 16 + 11 = 41067 \\
3\ \overline{13}\ \overline{12}\ \overline{41}_{(60)} = 3 \times 60^3 + 13 \times 60^2 + 12 \times 60 + 41 = 695561 \\
0.\overline{30}\ \overline{10}_{(60)} = \dfrac{30}{60} + \dfrac{10}{60^2} = \dfrac{181}{360}
\end{cases}
$$

$$②$$

　　由①②看出,化 $K$ 进制数为十进制数是很简单的.相反的问题即化十进制数 $N$ 为 $K$ 进制数,也不难解决.设

$$
N = Kq_1 + c_0,\ q_1 = Kq_2 + c_1,\cdots,q_{n-1} = Kq_n + c_{n-1}
$$

这里 $q_1$ 和 $c_0$ 是 $N$ 除以 $K$ 的商数和余数. 一般地, $q_{s+1}$ 和 $c_s$ 是 $q_s$ 除以 $K$ 的商数和余数, 且 $0 \leqslant c_j < K, j = 0, 1, \cdots, n-1; 0 < q_n < K$. 由此

$$
\begin{aligned}
N &= (Kq_2 + c_1)K + c_0 = q_2 K^2 + c_1 K + c_0 \\
&= (q_3 K + c_2)K^2 + c_1 K + c_0 = \cdots \\
&= q_n K^n + c_{n-1} K^{n-1} + \cdots + c_1 K + c_0 \\
&= \overline{q_n c_{n-1} \cdots c_2 c_1 c_0}_{(K)}
\end{aligned}
$$

为方便起见, 可按下面的例子表明的格式进行计算: 化 $695561$ 为六十进制数

```
  695561  |60
 - 60     |11592      60
 ───────  |          193|60
   95     | -60     -180  3
 - 60     | 559     ────
 ───────  | -540     13
  355     | ────
 -300     | 192
 ───────  | -180
  556     | ────
 -540     |  12
 ───────
  161
 -120
 ───────
   41
```

所以 $695561 = \overline{3\ 13\ 12\ 41}_{(60)}$.

若 $N = \dfrac{b}{a}$, 要把 $N$ 化为 $K$ 进制数, 只要先把 $a$ 和 $b$ 化为 $K$ 进制数, 然后在 $K$ 进制下做除法就行了. 例如, 把 $\dfrac{17}{18}$ 化为十二进制小数

$$
\frac{17}{18} = \frac{15_{(12)}}{16_{(12)}} = 0.\overline{114}_{(12)}
$$

因为当 $K = 12$ 时

$$
\begin{array}{r|l}
15.0 & \underline{16} \\
-14.6 & 0.\overline{1}1\overline{4} \\
\hline
60 & \\
-60 & \\
\hline
0 & \\
\end{array}
$$

又如,把 $\dfrac{4}{7}$ 表示为三进制小数:由于 $K = 3$ 时,有

$$
\frac{4}{7} = \frac{11_{(3)}}{21_{(3)}}
$$

$$
\begin{array}{r|l}
11.0 & \underline{21} \\
-2\,1 & 0.120102\cdots \\
\hline
1\,20 & \\
-1\,12 & \\
\hline
100 & \\
-21 & \\
\hline
200 & \\
-112 & \\
\hline
11\cdots & \\
\end{array}
$$

所以 $\dfrac{4}{7} = \dfrac{11_{(3)}}{21_{(3)}} = 0.\dot{1}2010\dot{2}_{(3)}$(最后一个余数 $11_{(3)}$ 同原数 $a = 11_{(3)}$ 相同,因此得到的是无限循环小数).

应用下列法则化 $K$ 进制循环小数为分数,可以检验结果的正确性,为此,只需以其中一个循环节除以将循环节中各数字换成数字 $K-1$ 所得的数(这个法则可用无穷递降等比数列求和公式来证明,见(1)).例如,以 $10212_{(3)}$ 约分,得

$$
0.\dot{1}2010\dot{2}_{(3)} = \frac{120102_{(3)}}{222222_{(3)}} = \frac{11_{(3)}}{21_{(3)}}
$$

　　为了便于进行 $K$ 进制的乘除运算,最好造一个类似于十进制中九九表的 1 到 $K-1$ 的乘法表.例如,对 $K=8$ 和 $K=12$,乘法表分别如表 1.1、表 1.2 所示.

表 1.1

|   | 2 | 3 | 4 | 5 | 6 | 7 |
|---|---|---|---|---|---|---|
| 2 | 4 | 6 | 10 | 12 | 14 | 16 |
| 3 | 6 | 11 | 14 | 17 | 22 | 25 |
| 4 | 10 | 14 | 20 | 24 | 30 | 34 |
| 5 | 12 | 17 | 24 | 31 | 36 | 43 |
| 6 | 14 | 22 | 30 | 36 | 44 | 52 |
| 7 | 16 | 25 | 34 | 43 | 52 | 61 |

表 1.2

|   | 2 | 3 | 4 | 5 | 6 | 7 | 8 | 9 | $\alpha$ | $\beta$ |
|---|---|---|---|---|---|---|---|---|---|---|
| 2 | 4 | 6 | 8 | $\alpha$ | 10 | 12 | 14 | 16 | 18 | $1\alpha$ |
| 3 | 6 | 9 | 10 | 13 | 16 | 19 | 20 | 23 | 26 | 29 |
| 4 | 8 | 10 | 14 | 18 | 20 | 24 | 28 | 30 | 34 | 38 |
| 5 | $\alpha$ | 13 | 18 | 21 | 26 | $2\beta$ | 34 | 39 | 42 | 47 |
| 6 | 10 | 16 | 20 | 26 | 30 | 36 | 40 | 46 | 50 | 56 |
| 7 | 12 | 19 | 24 | $2\beta$ | 36 | 41 | 48 | 53 | $5\alpha$ | 65 |
| 8 | 14 | 20 | 28 | 34 | 40 | 48 | 54 | 60 | 68 | 74 |
| 9 | 16 | 23 | 30 | 39 | 46 | 53 | 60 | 69 | 76 | 83 |
| $\alpha$ | 18 | 26 | 34 | 42 | 50 | $5\alpha$ | 68 | 76 | 84 | 92 |
| $\beta$ | $1\alpha$ | 29 | 38 | 47 | 56 | 65 | 74 | 83 | 92 | $\alpha1$ |

　　比如 $5\times6=36_{(8)}$ ; $5\times7=2\beta_{(12)}$.

　　试证[2]:在任何计数制中,开平方的方法与在十进

5

制中相同(参看第 1 页"数学爱好者"的例子).

### 1.1.1 二进制

在二进制中,任何整数都可以通过 1 和 0 表示出来.这就是说,任何自然数是 2 的不同方幂之和

$N = 2^{a_1} + 2^{a_2} + \cdots + 2^{a_s}, a_1 > a_2 > \cdots > a_s \geq 0$

基于整数的这一性质,可以拟定猜数游戏如下:在"标号"为 1,2,4,8,16 的卡片上(图 1.1),这样来填写整数,使得恰好在某几张卡片上出现的数 $N$,正好等于这些卡片"标号"之和.例如 27(= 1+2+8+16) 仅在具有相应标号的四张上有.

设某人想到一个(不超过 31 的)整数,并指出恰在哪几张卡片上有这个数,那么要想"猜到"这个数,只要把它指出的标号相加就行了.

| 1 | 17 |
|---|---|
| 3 | 19 |
| 5 | 21 |
| 7 | 23 |
| 9 | 25 |
| 11 | 27 |
| 13 | 29 |
| 15 | 31 |

| 2 | 18 |
|---|---|
| 3 | 19 |
| 6 | 22 |
| 7 | 23 |
| 10 | 26 |
| 11 | 27 |
| 14 | 30 |
| 15 | 31 |

| 4 | 20 |
|---|---|
| 5 | 21 |
| 6 | 22 |
| 7 | 23 |
| 12 | 28 |
| 13 | 29 |
| 14 | 30 |
| 15 | 31 |

| 8 | 24 |
|---|---|
| 9 | 25 |
| 10 | 26 |
| 11 | 27 |
| 12 | 28 |
| 13 | 29 |
| 14 | 30 |
| 15 | 31 |

| 16 | 24 |
|---|---|
| 17 | 25 |
| 18 | 26 |
| 19 | 27 |
| 20 | 28 |
| 21 | 29 |
| 22 | 30 |
| 23 | 31 |

图 1.1

这游戏还可以"器械化",按照图 1.1 中的数字分别制成质量为 1 g,2 g,4 g,8 g,16 g 的卡片,如果把包含你所想的数的全部卡片放到弹簧秤上一称,指针就能报出你想的数.

　　二进制计数常在计算机上应用,这主要是由于机器上仅需两个易于区分的状态来作为表示数码的元件的状态(例如,电脉冲的"有"与"无",磁带向两个相反方向的磁化等).于是这种元件的每个状态,均可用来表示二进制下的一个数码(一个表示 0,另一个表示 1),而两个数码的运算又极其简单.

　　二进制还将在三堆物体博弈(2.1.3 节)中用到.

### 1.1.2　三进制

　　在三进计数制中,任何整数都可用数码 0,1,2 表示出来,但若采用一个"负数码",像表示负首数那样,则由等式

$$2 \times 3^m = 3^{m+1} - 3^m = 1 \times 3^{m+1} + \bar{1} \times 3^m$$

可知,在三进制下任何整数都可以用数码 $0, 1, \bar{1}$ 表示.因此下述定理成立.

**定理 1.1**　任何整数都可表示成 3 的不同方幂的代数和,即

$$N = 3^{\alpha_1} + 3^{\alpha_2} + \cdots - 3^{\beta_1} - 3^{\beta_2} - \cdots \qquad ③$$

其中 $\alpha_1, \alpha_2, \cdots, \beta_1, \beta_2, \cdots$ 为相异非负整数.等式 ③ 中可能没有负项.

　　例如,对于数 1910,有

$$N = 1910 = 2121202_{(3)} = 212121\bar{1}_{(3)}$$

$$= 21221\bar{1}\bar{1}_{(3)} = 2131\bar{1}1\bar{1}_{(3)} = 220\bar{1}1\bar{1}1_{(3)}$$

$$= 3\bar{1}0\bar{1}1\bar{1}1_{(3)} = 10\bar{1}0\bar{1}1\bar{1}1_{(3)}$$

$$= 3^7 - 3^5 - 3^3 - 3^2 + 3 - 3^0$$

（变换中使用了数码 3）

自然,由此可以推出古老的四砝码问题[①]的解(即要求用四个砝码在天平上分出 1 kg 至 40 kg 的任意整数质量).

事实上,设在一盘里放质量为 $3^{a_1}$ kg,$3^{a_2}$ kg,… 的砝码,另一盘放质量为 $3^{\beta_1}$ kg,$3^{\beta_2}$ kg,… 的砝码(见式 ③),我们就可以称出质量 $N$ kg,因此,取质量为 1 kg,3 kg,9 kg,…,$3^n$ kg 的砝码,就可以称出质量 $N$ kg,只要

$$N \leqslant 1 + 3 + 9 + \cdots + 3^n = \frac{3^{n+1}-1}{2}$$

对于 $n = 3, \dfrac{3^{n+1}-1}{2} = 40$.

**习题**

1. 在五进制中,以数码 0,1,2(及 $\bar{1},\bar{2}$)写出数 2713 和 409[(3a)].

2. 用两种方法验证第 1 页的"数学爱好者"计算的正确性:

(1) 直接用八进制计算.

(2) 化为十进制验算.

3. 化 $\dfrac{1}{7}$ 和 $\dfrac{1}{10}$ 为二进制、三进制、十二进制和六十进制小数,并化为通常小数进行检验.

4. 化 676 为二进制、三进制和五进制数,并将所得的数开平方.

5. 试证[(3b)]:要把八进制数化为二进制数,只需把八进制数的每个数字化为二进制的三位数. 反过来也

---

① 早在 1202 年斐波那契就考虑过这个问题.

对，例如

$$7315_{(8)} = \underbrace{111}\ \underbrace{011}\ \underbrace{001}\ \underbrace{101}_{(2)}$$

$$\underbrace{10}\ \underbrace{000}\ \underbrace{101}\ \underbrace{110}_{(2)} = 2056_{(8)}$$

考虑这个规则及关于四进制和十六进制化为二进制的类似规则，试证：$\overline{11413}_{(16)} = 5515_{(8)}$，$773_{(8)} = 13323_{(4)}$.

6. 试证[4]：对任何 $K > 5$，$123454321_{(K)}$ 是完全平方数.

7. 怎样通过向某人提出 10 个问题，根据他回答的"是"或"否"来猜出他所想的数 $N(\leqslant 1000)$[5]？

8. 图 1.1 的每张卡片含有 16 个数并非偶然. 一般说来，如果把 1 到 $2^s - 1$ 之间的任一数 $m$ 写在标号为 $1, 2, 4, \cdots, 2^{s-1}$ 的 $s$ 张卡片上，使写有 $m$ 的卡片标号之和等于 $m$，那么每张卡片必定有 $2^{s-1}$ 个数. 试证明这个结论[6].

## 1.2　一些数论知识

如果对数 $a$ 和 $b$ 可求得一数 $c$，使 $a = bc$，那么就说 $a$ 能被 $b$ 整除，也说 $b$ 是 $a$ 的因数（本节中的字母如无特别说明均表示自然数）.

如果一个数 $p$ 只有两个因数 1 和 $p$，就叫作**素数**. 任何合数（即 1 和素数以外的数）$n$ 可以表示为

$$n = p_1^{\alpha} p_2^{\beta} \cdots p_K^{\sigma} \qquad \text{①}$$

其中 $p_1, p_2, \cdots, p_K$ 为素数，$\alpha, \beta, \cdots, \sigma$ 为某些自然数；如果其中 $p_1, p_2, \cdots, p_K$ 互不相同，那么 ① 就叫作 $n$ 的**标准分解式**. 在一般数论书中都可找到如下定理的证明.

9

**定理 1.2** 如果不计因数的排列顺序,那么任何数 $n$ 只有一个标准分解式.

有人可能会以为数学家致力于证明这样"显然"的定理是多余的,但下面这个从另一个数域取来的例子表明,完全类似的"显然"命题可能不正确.

设 $a,b$ 为任意整数,如果形如 $a+b\sqrt{-6}$ 的复数可以表示为 $(c+d\sqrt{-6})(e+f\sqrt{-6})$,其中 $c,d,e,f$ 为某些整数(特别地,可以为 $0$),且每个因子异于 $\pm 1$,那么就叫作"合数",不然就叫"素数".按照这个定义,数 $20-\sqrt{-6}$,$7(=7+0\times\sqrt{-6})$ 和 $6(=6+0\times\sqrt{-6})$ 都是合数,即

$$20-\sqrt{-6}=(2-3\sqrt{-6})(1+\sqrt{-6})$$

$$7=(1+\sqrt{-6})(1-\sqrt{-6})$$

$$6=2\times 3=\sqrt{-6}\times(-\sqrt{-6})$$

而我们可以证明 $2,3,\sqrt{-6}$,$-\sqrt{-6}$ 均为"素数",那么"合数"$6$ 就有两种"素"因数分解式!

### 1.2.1 函数 $\tau(n)$ 和 $S(n)$

我们以 $\tau(n)$ 表示 $n$ 的因数个数,而以 $S(n)$ 表示 $n$ 的所有因数之和.例如,$\tau(10)=4$,$S(10)=18$,因为 $10$ 有 $4$ 个因数 $1,2,5,10$.

若 $n=p_1^\alpha p_2^\beta \cdots p_K^\sigma$ 是 $n$ 的标准分解式,则

$$\tau(n)=(\alpha+1)(\beta+1)\cdots(\sigma+1) \qquad ②$$

$$S(n)=(1+p_1+\cdots+p_1^\alpha)(1+p_2+\cdots+p_2^\beta)\cdot\cdots\cdot$$
$$(1+p_K+\cdots+p_K^\sigma) \qquad ③$$

事实上,$n$ 的因数均可表示为

$$p_1^{\alpha'}p_2^{\beta'}\cdots p_K^{\sigma'} \qquad ④$$

10

其中

$$0 \leqslant \alpha' \leqslant \alpha, 0 \leqslant \beta' \leqslant \beta, \cdots, 0 \leqslant \sigma' \leqslant \sigma \qquad ⑤$$

因为 $\alpha'$ 有 $\alpha + 1$ 种取法,且对每个选定的 $\alpha', \beta'$ 可有 $\beta + 1$ 种取法,因而选取数组 $\alpha', \beta'$,就有 $(\alpha + 1)(\beta + 1)$ 种方法. 一般地,选取满足式 ⑤ 的数组 $\alpha', \beta', \cdots, \sigma'$ 有 $(\alpha + 1)(\beta + 1)\cdots(\sigma + 1)$ 种方法,所以公式 ② 成立. 如果把式 ③ 右边展开,即知它是由形如 ④ 的一切可能的项构成的和,故式 ③ 成立.

如果 $S(n) = 2n$,那么 $n$ 叫作**完全数**. 如 6 和 28 就是完全数,因为 $S(6) = 12$ 而 $S(28) = 56$. 一方面,欧几里得曾证明,形如

$$N = 2^{\alpha}(2^{\alpha+1} - 1) \qquad ⑥$$

(其中 $2^{\alpha+1} - 1$ 为素数) 的偶数必为完全数. 另一方面,不存在其他形式的偶完全数.

现在已知形如 $2^{\alpha+1} - 1$ 的数(叫作梅森数,这是以法国 17 世纪的学者梅森的名字命名的),当 $\alpha = 1, 2, 4,$ $6, 12, 16, 18, 30, 60, 88, 106, 126, 520, 606, 1278, 2202,$ $2280, 3216, 4252, 4422, 9688, 9940, 11212, 19936, 21700$ 时为素数;因而迄今只知道这 25 个完全数. 前 7 个完全数是:6, 28, 496, 8128, 33550336, 8589869056, 137438691328. 至于奇完全数是否存在,直到现在为止仍是未解决的问题.

中世纪的数学神秘主义者极为注意所谓**相连数**,即满足 $S(a) = S(b) = a + b$ 的两个数 $a$ 和 $b$. 试用公式 ③ 证明:220 和 284 为相连数;18416 和 17246 也是相连数.

### 1.2.2 函数[χ](χ 的整数部分)

函数[χ]等于不超过任意实数 χ 的最大整数. 例如, $[\sqrt{7}]=2$, $\left[-\dfrac{19}{5}\right]=-4$, $[6]=6$. 函数[χ]有"间断点",因为对 χ 的整值,它产生"跃变".图 1.2 中画出了这个函数的图像,其中每个水平线段左端点都属于图像,描成黑点,而右端点不属于图像.

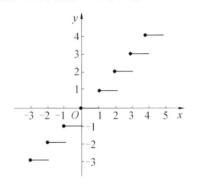

图 1.2

试证[7]:若 $n! = p_1^α p_2^β p_3^γ \cdots p_K^σ$ 为 $n!$ 的标准分解式,那么

$$α = \left[\frac{n}{p_1}\right] + \left[\frac{n}{p_1^2}\right] + \left[\frac{n}{p_1^3}\right] + \cdots$$

$β, γ, \cdots, σ$ 亦有类似公式.

据此,易于确定数 100! 的末尾含多少个 0. 事实上,设 $100! = 2^α \times 3^β \times 5^γ \times \cdots \times 97^σ$,那么

$$α = \left[\frac{100}{2}\right] + \left[\frac{100}{4}\right] + \left[\frac{100}{8}\right] + \left[\frac{100}{16}\right] + \left[\frac{100}{32}\right] +$$
$$\left[\frac{100}{64}\right] + \left[\frac{100}{128}\right] + \cdots$$

12

$$=50+25+12+6+3+1$$
$$=97$$

$$\gamma=\left[\frac{100}{5}\right]+\left[\frac{100}{25}\right]+\left[\frac{100}{125}\right]+\cdots=20+4=24$$

因此,$100!$ 可被 $(2\times5)^{24}$ 整除,末尾有 24 个 0.

**习题**

1. 证明[8]:按公式 ⑥,当 $\alpha=2280$ 时,得到一个 1373 位的完全数.($\lg 2=0.301029996$)

2. 应用公式 ③ 证明[9]:对于 $N=2^{\alpha}(2^{\alpha+1}-1)$,其中 $2^{\alpha+1}-1$ 为素数,有 $S(N)=2N$.

3. 求使 $101\times102\times\cdots\times999\times1000/7^K$ 为整数的最大自然数 $K$.[10]

4. 证明[11]:$1322314049613223140496=36363636364^2$ 是在十进制下由同样一些数字按同一顺序写两次所得数中最小的完全平方数(在其他计数制中也可以提出类似的最小解问题. 例如,$11_{(3)}=2^2$,$882882_{(23)}=7332^2$,$288288_{(23)}=3900^2$). 试在某种计数制下举出这种"重排数"中的完全立方数(例如,$2^3=11_{(7)}$,$1\underbrace{011010011}\underbrace{01101001}_{(2)}=57^3$).

# 1.3 同 余 式

如果整数 $a$ 和 $b$ 除以自然数 $m$ 得到同样的余数,即 $a=mq_1+\gamma$,$b=mq_2+\gamma$($\gamma,q_1,q_2$ 均为整数,且 $0\leqslant\gamma<m$),那么就说 $a,b$ 按模 $m$ 具有相同余数或关于模 $m$ 同余,记为 $a\equiv b(\text{mod }m)$. 例如,$27\equiv-13(\text{mod }8)$,因为 $27=3\times8+3$ 而 $-13=8\times(-2)+$

3. 显然,关于模 $m$ 同余的两数之差 $a-b$ 可被 $m$ 整除.

建议读者证明同余式的下列性质:如果 $a \equiv b(\bmod m)$,$c \equiv d(\bmod m)$,那么:

(1)$a+c \equiv b+d(\bmod m)$;

(2)$a-c \equiv b-d(\bmod m)$;

(3)$Ka \equiv Kb(\bmod m)$($K$ 为任意整数);

(4)$ac \equiv bd(\bmod m)$;

(5)$a^n \equiv b^n(\bmod m)$($n$ 为任意自然数).

(提示:设 $a=b+mt$,$c=d+mt'$,$t$ 和 $t'$ 为整数.)

由上述性质容易得到[12]:

**定理 1.3** 如果 $\alpha \equiv \beta(\bmod m)$,而 $f(Z)=a_0+a_1Z+\cdots+a_nZ^n$ 为整系数多项式,那么 $f(\alpha) \equiv f(\beta)(\bmod m)$.

应用定理 1.3 可推出自然数 $N$ 能被 7,9,11,13 整除的判别准则.

设

$$N=c_Kc_{K-1}c_{K-2}\cdots c_2c_1c_{0(10)}$$
$$=c_K10^K+c_{K-1}10^{K-1}+\cdots+c_210^2+c_110+c_0$$
$$=C_s1000^s+C_{s-1}1000^{s-1}+\cdots+C_21000^2+$$
$$\phantom{=}C_11000+C_0$$

这里 $C_0,C_1,C_2,\cdots,C_s$ 为将 $N$ 从右向左三位分段所得的数,它们可以是一位数、两位数或三位数,而 $S=\left[\dfrac{K}{3}\right]$(例如 $N=15032004341=15 \times 1000^3+32 \times 1000^2+4 \times 1000+341$,这里 $S=\left[\dfrac{10}{3}\right]=3$,$C_3=15$,$C_2=32$,$C_1=4$,$C_0=341$).

引入记号

$$c_KZ^K+c_{K-1}Z^{K-1}+\cdots+c_2Z^2+c_1Z+c_0=f(Z)$$

$$C_s Z^s + C_{s-1} Z^{s-1} + \cdots + C_1 Z + C_0 = F(Z)$$

则有 $N = f(10) = F(1000)$，以及

$$f(1) = c_K + c_{K-1} + \cdots + c_2 + c_1 + c_0 = \sigma(N)$$

$$f(-1) = c_0 - c_1 + c_2 - \cdots + (-1)^K c_K = \sigma'(N)$$

$$F(-1) = c_0 - c_1 + c_2 - \cdots + (-1)^s c_s = \sum{}'(N)$$

它们分别叫作数 $N$ 的**各位数字之和**（$\sigma(N)$）、**各位数字的代数和**（$\sigma'(N)$）及数 $N$ 的**三分段代数和**（$\sum{}'(N)$）.

因为 $10 \equiv 1 \pmod 9$，所以根据上述定理知 $f(10) \equiv f(1) \pmod 9$ 或 $N = \sigma(N) \pmod 9$，即 $N$ 与 $\sigma(N)$ 关于模 9 同余，因此，当且仅当 $\sigma(N)$ 被 9 整除时，$N$ 被 9 整除.

类似地，由同余式 $10 \equiv -1 \pmod{11}$ 得 $f(10) \equiv f(-1) \pmod{11}$ 或 $N \equiv \sigma'(N) \pmod{11}$. 因此，若 11 整除 $N$ 各位数字的代数和，那么 11 整除 $N$（反之亦然）.

容易看出，同余式 $1000 \equiv -1 \pmod 7$，$1000 \equiv -1 \pmod{11}$，$1000 \equiv -1 \pmod{13}$ 成立，由此推出

$$F(1000) \equiv F(-1) \pmod 7$$

$$F(1000) = F(-1) \pmod{11}$$

$$F(1000) = F(-1) \pmod{13}$$

或即

$$N \equiv \sum{}'(N) \pmod 7$$

$$N \equiv \sum{}'(N) \pmod{11}$$

$$N \equiv \sum{}'(N) \pmod{13}$$

可见，若数 $N$ 的三分段代数和能被 7 整除，则 $N$ 也能被 7 整除（反之亦然），同样可建立关于 11 和 13 的整除性判别准则.

类似推出 $K$ 进制下关于 $K\pm1$ 的整除性判别准则:数 $N$ 能被 $K-1(K+1)$ 整除,当且仅当其各位数之和(代数和)能被 $K-1(K+1)$ 整除(在 $K$ 进制下),试验证这个结论.

试求在八进制下关于 5 和 13 的整除性判别准则,在三进制下关于 2,4,6 的整除性判别准则,在五进制下关于 13 和 8 的整除性判别准则[13].

应用同余式也容易解决如下类型的问题:求数 $N=13^{69}+48\times10^{50}$ 除以 17 的余数.显然,这就是求一个关于模 17 与 $N$ 同余的最小非负整数.应用同余式性质,得

$$13^{69}+48\times10^{50}\equiv(-4)^{69}-3\times100^{25}$$
$$\equiv-4\times16^{34}-3\times(-2)^{25}$$
$$\equiv-4\times(-1)^{34}+6\times16^{6}$$
$$\equiv-4+6(-1)^{6}\equiv2\pmod{17}$$

所以,要求的余数是 2.

试用同样的方法求 $293^{293}$[14],$2^{1000}$,$69^{69}+31^{31}$ 的最末两个数字.

### 1.3.1　欧拉函数

欧拉函数 $\varphi(n)$($n$ 是自然数)是指小于 $n$ 而与 $n$ 互素的数的个数.试验证表 1.3(例如 $\varphi(10)=4$,因为小于 10 而与 10 互素的数有 4 个:1,3,7,9),并规定 $\varphi(1)=1$.

表 1.3

| $n$ | 2 | 3 | 4 | 5 | 6 | 7 | 8 | 9 | 10 | 12 | 20 | 36 |
|---|---|---|---|---|---|---|---|---|---|---|---|---|
| $\varphi(n)$ | 1 | 2 | 2 | 4 | 2 | 6 | 4 | 6 | 4 | 4 | 8 | 12 |

容易证明$^{(15)}$，当 $p$ 为素数时，$\varphi(p)=p-1$，$\varphi(p^K)=p^K-p^{K-1}$. 在数论中还证明了：若 $a,b$ 互素，则 $\varphi(ab)=\varphi(a)\varphi(b)$. 由此推出，若 $n=p_1^\alpha p_2^\beta \cdots p_K^\sigma$ 为 $n$ 的标准分解式，那么

$$\varphi(n)=(p_1^\alpha-p_1^{\alpha-1})(p_2^\beta-p_2^{\beta-1})\cdots(p_K^\sigma-p_K^{\sigma-1}) \quad ①$$

高斯证明了，数 $n$ 一切因数的欧拉函数值之和仍等于 $n$，例如

$$\varphi(1)+\varphi(2)+\varphi(5)+\varphi(10)=1+1+4+4=10$$

欧拉证明了，当数 $K$ 和 $n$ 互素时，总有

$$K^{\varphi(n)}\equiv 1(\mathrm{mod}\, n)$$

特别地，对于素数 $p$，若 $p$ 不整除 $a$，则有 $a^{p-1}\equiv 1(\mathrm{mod}\, p)$（"费马小定理"）.

建议读者对一系列特殊情况验证欧拉定理、高斯定理、费马小定理和公式 ①.

由欧拉定理推出，关于互素数 $K$ 和 $n$ 的"指数同余式"$K^z\equiv 1(\mathrm{mod}\, n)$ 有解 $z=\varphi(n)$；但可以证明，该同余式对较小的 $z$ 值也成立. 满足这个同余式的最小自然数 $z_0$，叫作 **$K$ 关于模 $n$ 的指数**. 可以证明$^{(16)}$，$z_0$ 必定整除 $\varphi(n)$. 欲求同余式 $60^z\equiv 1(\mathrm{mod}\, 17)$ 的最小根，必须检验 $\varphi(17)=16$ 的所有因数. 因为 $60^z\equiv 9^z(\mathrm{mod}\, 17)$，而 $9^2\equiv-4(\mathrm{mod}\, 17),9^4\equiv(-4)^2\equiv-1(\mathrm{mod}\, 17)$，$9^8\equiv 1(\mathrm{mod}\, 17)$，所以 60 关于模 17 的指数是 8.

如果将既约分数 $\dfrac{m}{n}$ 表示为 $K$ 进制小数（$K$ 与 $n$ 互素），那么这个小数循环节的长度等于 $K$ 关于模 $n$ 的指数 $z_0$$^{(17)}$. 例如，化 $\dfrac{1}{17}$ 为六十进制小数，必为无限循环小数，其循环节长为 8. 事实上，1 除以 17，得

$$\frac{1}{17} = 0.\dot{3}\ \overline{31}\ \overline{45}\ \overline{52}\ \overline{56}\ \overline{28}\ \overline{14}\ \dot{7}_{(60)}$$

试应用所述方法求通常分数 $\frac{1}{7}$，$\frac{1}{13}$，$\frac{4}{13}$，$\frac{6}{13}$，$\frac{2}{19}$ 化为十进制循环小数时的循环节长，并用普通除法进行检验.

## 1.4  连分数与不定方程

任一个正有理数 $\frac{a}{b}$（$a$，$b$ 为自然数）可表示为所谓的 **连分数**. 设 $a$ 除以 $b$ 得商 $q_0 = \left[\frac{a}{b}\right]$，余数 $r_1$；$b$ 除以 $r_1$ 得商 $q_1$，余数 $r_2$；$r_1$ 除以 $r_2$ 得商 $q_2$，余数 $r_3$；等等. 到某一步，$r_{n-1}$ 可被 $r_n$ 整除（$r_{n-1}/r_n = q_n$）. 在数论中已经证明，$r_n = (a,b)$（$a$，$b$ 的最大公约数）. 应用一系列除法求两数最大公约数的方法叫作**欧几里得辗转相除法**.

这种除法常常写为如下紧凑的形式

$$
\begin{array}{r|l}
a & b \\
-bq_0 & q_0 \\
\hline
b & r_1 \\
-q_1r_1 & q_1 \\
\hline
r_1 & r_2 \\
-q_2r_2 & q_2 \\
\hline
 & r_3 \\
 & \vdots \\
r_{n-1} & r_n \\
-q_nr_n & q_n \\
\hline
0 &
\end{array}
$$

18

显然

$$\frac{a}{b}=q_0+\frac{r_1}{b}=q_0+\frac{1}{\dfrac{b}{r_1}}=q_0+\frac{1}{q_1+\dfrac{r_2}{r_1}}$$

$$=q_0+\frac{1}{q_1+\dfrac{1}{\dfrac{r_1}{r_2}}}=\cdots$$

$$=q_0+\cfrac{1}{q_1+\cfrac{1}{q_2+\cfrac{1}{q_3+\cfrac{\raisebox{3pt}{$\ddots$}}{\quad+\cfrac{1}{q_{n-1}+\cfrac{1}{q_n}}}}}}$$

这就是要求的连分数,常常简记为

$$\frac{a}{b}=\left[q_0;q_1,q_2,\cdots,q_n\right]$$

这里只列出了所谓"不完全商":$q_0,q_1,\cdots,q_n$. 例如

$$\frac{173}{39}=4+\cfrac{1}{2+\cfrac{1}{3+\cfrac{1}{2+\cfrac{1}{2}}}}=\left[4;2,3,2,2\right]$$

如果在第 $K$ 个不完全商处截断连分数,将截断后的连分数 $\left[q_0;q_1,\cdots,q_{K-1},q_K\right]$ 化为普通分数,我们就得到**渐近分数** $\dfrac{P_K}{Q_K}$. 显然 $\dfrac{P_n}{Q_n}=\dfrac{a}{b}$,渐近分数具有一系列重要性质.

**性质 1**　三个相邻渐近分数的分子分母间有如下递推关系

$$P_{K+1} = P_K q_{K+1} + P_{K-1}, \quad Q_{K+1} = Q_K q_{K+1} + Q_{K-1} \qquad ①$$

若已知不完全商,则不难应用上式计算渐近分数.例如对 $\dfrac{173}{39} = [4;2,3,2,2]$,我们算得 $\dfrac{P_0}{Q_0} = 4 = \dfrac{4}{1}$,

$\dfrac{P_1}{Q_1} = 4 + \dfrac{1}{2} = \dfrac{9}{2}$,应用公式 ①,$P_2 = 9 \times 3 + 4 = 31$,$Q_2 = 2 \times 3 + 1 = 7$,$\dfrac{P_2}{Q_2} = \dfrac{31}{7}$,等等.

**性质 2**　总有

$$\frac{P_0}{Q_0} < \frac{P_2}{Q_2} < \cdots < \frac{a}{b} = \frac{P_n}{Q_n} < \cdots < \frac{P_5}{Q_5} < \frac{P_3}{Q_3} < \frac{P_1}{Q_1}$$

**性质 3**　对任意 $K$,有

$$\frac{P_K}{Q_K} - \frac{P_{K-1}}{Q_{K-1}} = \frac{(-1)^{K-1}}{Q_K Q_{K-1}} \qquad ②$$

或

$$P_K Q_{K-1} - Q_K P_{K-1} = (-1)^{K-1} \qquad ③$$

由此推出,$(P_K, Q_K) = 1$,因为若 $(P_K, Q_K) > 1$,则式 ③ 右边 $(-1)^{K-1}$ 不可能被 $(P_K, Q_K)$ 整除,这与 $P_K Q_{K-1} - Q_K P_{K-1}$ 能被 $(P_K, Q_K)$ 整除矛盾.

若 $(a, b) = 1$,由于 $(P_n, Q_n) = 1$,那么从 $\dfrac{a}{b} = \dfrac{P_n}{Q_n}$ 可推出 $a = P_n, b = Q_n$.再由式 ③,取 $K = n$,则有

$$aQ_{n-1} - bP_{n-1} = (-1)^{n-1} \qquad ④$$

等式 ④ 是求**不定方程**

$$ax + by = c \qquad ⑤$$

($a, b, c$ 为整数,$(a, b) = 1$) 整数解的关键.事实上,把 ④ 改写为 $a(-1)^{n-1}cQ_{n-1} + b(-1)^n cP_{n-1} = c$ 即可断定,数对

$$x_0 = (-1)^{n-1}cQ_{n-1}, \quad y_0 = (-1)^n cP_{n-1} \qquad ⑥$$

就是方程 ⑤ 的一组整数解. 容易证明($^{18}$):

(1) 方程 ⑤ 的所有解均可按下式求出

$$x = x_0 + bt, \ y = y_0 - at \quad (t \text{ 为整数})$$

(2) 若 $(a,b) > 1$, 且 $(a,b)$ 不能整除 $c$, 则方程 $ax + by = c$ 无整数解(若 $(a,b)$ 能整除 $c$, 以 $(a,b)$ 除 $ax + by = c$ 各项,可化简为 $a'x + b'y = c', (a', b') = 1$).

**例 1.1**　盒子里有蜘蛛和甲虫共 38 只脚,每只蜘蛛 8 只脚,每只甲虫 6 只脚,有多少只蜘蛛($x$),多少只甲虫($y$)?

显然,$8x + 6y = 38$ 或 $4x + 3y = 19$. 这里 $a = 4, b = 3, c = 19$. 对于连分数 $\dfrac{4}{3} = 1 + \dfrac{1}{3}, \dfrac{P_0}{Q_0} = \dfrac{1}{1}, \dfrac{P_1}{Q_1} = \dfrac{4}{3}$,

因此

$$x_0 = (-1)^{1-1} \cdot 19 \cdot 1 = 19$$
$$y_0 = (-1)^1 \cdot 19 \cdot 1 = -19$$
$$x = 19 + 3t, \ y = -19 - 4t$$

按题意,我们只取 $x, y$ 的非负值,即

$$19 + 3t \geqslant 0, \ -19 - 4t \geqslant 0$$

即 $-\dfrac{19}{3} \leqslant t \leqslant -\dfrac{19}{4}$, 则 $t = -5, -6$. 于是 $x_1 = 4, y_1 = 1$; $x_2 = 1, y_2 = 5$(即四只蜘蛛、一只甲虫或一只蜘蛛、五只甲虫).

我们还要指出方程 ⑤ 的另一种解法. 先把它写为 $ax - c = -by$. 显然,我们应求 $x$ 的整数值使 $b$ 整除 $ax - c$, 即

$$ax \equiv c \pmod{b} \qquad\qquad ⑦$$

$x \equiv ca^{\varphi(b)-1} \pmod{b}$ 满足这个条件,实际上,把该值代入同余式 ⑦ 的左边,据欧拉定理,我们得 $aca^{\varphi(b)-1} \equiv c \cdot 1 \pmod{b}$.

例如,对方程 $4x+3y=19$,有

$$x \equiv 19 \cdot 4^{\varphi(3)-1} \pmod 3 \equiv 1 \cdot 1^{2-1} \pmod 3$$

或

$$x=1+3s$$

于是 $y=5-4s$. 对 $s=0$ 得 $x_1=1$, $y_1=5$; 对 $s=1$, 得 $x_2=4$, $y_2=1$.

试用上述两种方法解不定方程:

(1) $617x-125y=91$;

(2) $12x+31y=170$.

有理数可以表示成连分数,也可以把任意无理数 $\alpha$ 展开为连分数. 求出 $\alpha$ 的整数部分

$$\alpha=q_0+\frac{1}{\alpha_1}\quad\left(q_0=[\alpha], \frac{1}{\alpha_1}<1, \alpha_1>1\right)$$

然后求出

$$\alpha_1=q_1+\frac{1}{\alpha_2}\quad(q_1=[\alpha_1], \alpha_2>1)$$

$$\alpha_2=q_2+\frac{1}{\alpha_3}\quad(q_2=[\alpha_2], \alpha_3>1)$$

等等.

把这种运算重复 $n$ 次,得 $\alpha=[q_0; q_1, \cdots, q_{n-1}, \alpha_n]$; 因对任意 $n$, $\alpha_n$ 总是无理数,所以上述过程永无终止,因而得到所谓**无限连分数**

$$\alpha=[q_0; q_1, q_2, \cdots, q_{n-1}, q_n, \cdots]$$

如果 $\alpha$ 是"二次无理数",即 $\alpha=\dfrac{a+b\sqrt{c}}{d}$,其中 $a, b$, $c, d$ 为整数,那么从某个标号开始,不完全商将周期性重复,例如

$$\sqrt{3}=1+(\sqrt{3}-1)=1+\cfrac{1}{\cfrac{1}{\sqrt{3}-1}}$$

$$= 1 + \frac{1}{\frac{\sqrt{3}+1}{2}} = 1 + \frac{1}{1 + \frac{\sqrt{3}-1}{2}}$$

$$= 1 + \frac{1}{1 + \frac{1}{\frac{2}{\sqrt{3}-1}}} = 1 + \frac{1}{1 + \frac{1}{1 + \sqrt{3}}}$$

$$= 1 + \frac{1}{1 + \frac{1}{2 + (\sqrt{3}-1)}}$$

因为 $\alpha_3 = \frac{1}{\sqrt{3}-1} = \alpha_1$，所以后面的不完全商将周期性重复. 于是将有 $\sqrt{3} = [1;1,2,1,2,\cdots]$.

试用类似方法证明 $\sqrt{5} = [2;4,4,\cdots]$，$\sqrt{7} = [2;1,1,1,4,1,1,1,4,\cdots]$. 上面指出的渐近分数的性质对无限连分数也是成立的. 如果已知充分多的不完全商，那么就可应用渐近分数做出任意接近 $\alpha$ 的有理数序列.

实际上，根据渐近分数的性质 2，$\alpha$ 在任意两个相邻渐近分数 $\frac{P_{K-1}}{Q_{K-1}}$ 与 $\frac{P_K}{Q_K}$ 之间. 但其差的绝对值等于 $\frac{1}{Q_{K-1}Q_K}$（性质 3）. 因此，近似等式 $\alpha \approx \frac{P_{K-1}}{Q_{K-1}}$ 之误差小于 $\frac{1}{Q_{K-1}Q_K}$. 例如，对 $\sqrt{5} = [2;4,4,\cdots]$ 有表 1.4.

表 1.4

| $K$ | 0 | 1 | 2 | 3 | 4 | $\cdots$ |
|---|---|---|---|---|---|---|
| $q_K$ | 2 | 4 | 4 | 4 | 4 | $\cdots$ |
| $P_K$ | 2 | 9 | 38 | 161 | 682 | $\cdots$ |
| $Q_K$ | 1 | 4 | 17 | 72 | 305 | $\cdots$ |

因此，$\sqrt{5} \approx \dfrac{38}{17}$（误差 $< \dfrac{1}{17 \times 72}$），$\sqrt{5} \approx \dfrac{161}{72}$（误差 $< \dfrac{1}{72 \times 305}$），等等.

试求[19] $\sqrt{2} = [1;2,2,\cdots]$，$\sqrt{3} = [1;1,2,1,2,\cdots]$ 的渐近分数，使误差小于 $10^{-6}$.

$\sqrt{m}$ 的连分数展开式给出了一个求佩尔方程

$$x^2 - my^2 = 1 \qquad\qquad ⑧$$

整数解的简单方法. 命 $\sqrt{m} = [q_0; \overline{q_1, q_2, \cdots, q_{s-1}, q_s}, q_1, \cdots]$（横线下方表示连分数的一个循环节），可以证明，当 $s$ 为偶数时，方程 ⑧ 的解是数对 $(P_{s-1}, Q_{s-1})$，$(P_{2s-1}, Q_{2s-1})$，$(P_{3s-1}, Q_{3s-1})$，$\cdots$；而当 $s$ 为奇数时，解是数对 $(P_{2s-1}, Q_{2s-1})$，$(P_{4s-1}, Q_{4s-1})$，$(P_{6s-1}, Q_{6s-1})$，$\cdots$.

在一本参考书中给出了 $\sqrt{m}\,(m < 100)$ 的连分数展开式表示，也给出了方程 $x^2 - my^2 = 1$ 的最小正整数解. 对于 $\sqrt{10} = [3;6,6,\cdots]$ 有表 1.5.

表 1.5

| $K$ | 0 | 1 | 2 | 3 | $\cdots$ |
|---|---|---|---|---|---|
| $q_K$ | 3 | 6 | 6 | 6 | $\cdots$ |
| $P_K$ | 3 | 19 | 117 | 721 | $\cdots$ |
| $Q_K$ | 1 | 6 | 37 | 228 | $\cdots$ |

因为 $s = 1$，所以方程 $x^2 - 10y^2 = 1$ 的解为 $x_1 = P_1 = 19$，$y_1 = Q_1 = 6$；$x_2 = P_3 = 721$，$y_2 = Q_3 = 228$；等等.

对 $\sqrt{32} = [5;1,1,1,10,1,\cdots]$ 有表 1.6.

因为 $s = 4$，所以方程 $x^2 - 32y^2 = 1$ 的解为 $x_1 = P_3 = 17$，$y_1 = Q_3 = 3$；$x_2 = P_7 = 577$，$y_2 = Q_7 = 102$，等等.

表 1.6

| $K$ | 0 | 1 | 2 | 3 | 4 | 5 | 6 | 7 | ⋯ |
|---|---|---|---|---|---|---|---|---|---|
| $q_K$ | 5 | 1 | 1 | 1 | 10 | 1 | 1 | 1 | ⋯ |
| $P_K$ | 5 | 6 | 11 | 17 | 181 | 198 | 379 | 577 | ⋯ |
| $Q_K$ | 1 | 1 | 2 | 3 | 32 | 35 | 67 | 102 | ⋯ |

已知 $\sqrt{89} = [9; \overline{2,3,3,18,2}, \cdots]$ 和 $\sqrt{61} = [7;$ $\overline{1,4,3,1,2,2,1,3,4,1,14,1,4,3}, \cdots]$,证明方程 $x^2 - 89y^2 = 1$ 和 $x^2 - 61y^2 = 1$ 的最小正整数解分别为数对 $(500001, 53000)$ 和 $(1766319049, 226153980)$.

波兰数学家谢尔宾斯基给出了方程 $x^2 - 991y^2 = 1$ 的最小正整数解

$x_1 = 379516400906811930638014896080$

$y_1 = 12055735790331359447442538767$

这意味着 $\sqrt{991y^2 + 1}$ 对于 $y$ 的小于 $y_1$ 的任意正整数值必为无理数. 仅当 $y = y_1$ 时得到最小的一个有理数 $x_1$(1 除外). 为了说明 $x_1, y_1$ 是多么大的数,我们指出,如果对 $y = 1, 2, \cdots$ 来求 $\sqrt{991y^2 + 1}$ 的话,假定 1 秒算一个,我们要算 100 亿亿($10^{18}$)年,还不能求得这个值,但绝不能由此得出结论说 $\sqrt{991y^2 + 1}$ 对任何自然数 $y$ 永远是无理数:将"试验期限"扩大 400 倍,"达到" $y_1$,我们就会发现 $\sqrt{991y_1^2 + 1}$ 是有理数!

再看一个例子,这是亚历山大数学家提出来的. 它最终归结为形如 ⑧ 的方程的求解问题.

在 18 世纪末找到的一份手稿中说,阿基米德求解了亚历山大数学家提出的一个古算题. 在题目中要求确定正在晒太阳的牡牛和牝牛的数目. 由用诗句给出的第一部分条件推出,如果以 $(U, X, Y, Z)$ 和 $(u, x, y,$

$z$）分别表示白、黑、褐及杂色牡牛和牝牛的数目,那么下列关系成立

$$U = \frac{5}{6}X + Y, \quad X = \frac{9}{20}Z + Y, \quad Z = \frac{13}{42}U + Y$$

$$u = \frac{7}{12}(X + x), \quad x = \frac{9}{20}(Z + z)$$

$$z = \frac{11}{30}(Y + y), \quad y = \frac{13}{42}(U + u)$$

数学爱好者可以求得[20]

$$U = 10366482t, u = 7206360t$$
$$X = 7460514t, x = 4893246t$$
$$Y = 7358060t, y = 3515820t$$
$$Z = 4149387t, z = 5439213t$$

（$t$ 取任意正整数）.

但是问题原文的第二部分告诉打算解本题的人们,题目的主要困难是由于附加了条件:

> 如果数清那所有牲畜,
> 有多少肉牛在草地放牧,
> 奶牛和不同毛色各是多少,
> 那么谁也不能说你不学无术!
> 但若不告诉牡牛的习性,
> 任何聪明人,包括你,也数不清楚.

在列举了牡牛的习性之后,问题原文说:

> 如果你以锐敏的目光把这些看清,
> 算出了牲畜数目,并公之于众,
> 你就可自夸巨大胜利,昂首前行,
> 需知,你聪明无比,胜过众人.

如果你想到了牡牛的习性,那么上述公式应这样

26

选取,以使得：

（1）和 $U+X=17826996t$ 为平方数,为此,应取 $t=4456749s^2$ , $s$ 为任意自然数.

（2）和 $Y+Z=11507447t$ 是"三角形数",即形如 $\dfrac{n(n+1)}{2}$ 的数.

把（1）中求得的 $t$ 代入（2）中的式子,即得方程：
$$51285802909803s^2=\dfrac{n(n+1)}{2}.$$

方程两边乘 8,再各加 1,记 $2n+1$ 为 $w$ ,就得佩尔方程
$$w^2-410286423278424s^2=1$$

如果以 $N$ 表示整个畜群的牲畜数（取其最小值）,在考虑到补充条件后,就有（1880 年阿姆图罗解得）
$$N\approx77\times10^{206543}$$
可见,读者未必能"算出牲畜数目,并公之于众"!

## 1.5　勾股与海伦三数组

直角三角形勾股弦间的关系 $x^2+y^2=z^2$ 可以看作带有三个变量的不定方程.

可以证明,满足这个方程的三个两两互素的整数构成的一切可能的三数组（勾股数组）可用公式
$$\begin{cases}x=u^2-v^2\\y=2uv\\z=u^2+v^2\end{cases}$$
得到,其中,辅助变量 $u$ 和 $v$ 取不同奇偶性的互素值（若违背这个条件将得到非互素三数组）,如表 1.7 所示.

表 1.7

| $u$ | 2 | 4 | 3 | 4 | 5 | 3 | 4 |
|---|---|---|---|---|---|---|---|
| $v$ | 1 | 1 | 2 | 3 | 2 | 1 | 2 |
| $x$ | 3 | 15 | 5 | 7 | 21 | 8 | 12 |
| $y$ | 4 | 8 | 12 | 24 | 20 | 6 | 16 |
| $z$ | 5 | 17 | 13 | 25 | 29 | 10 | 20 |

勾股数组是海伦数组的特殊情况. 海伦数组是指面积为整数的三角形的三条整数边（长度为整数的边）.

容易证明[21]，"海伦三角形"的任意高（如图 1.3 中的 $BD$）必将它分为两个紧邻的具有有理数边的直角三角形（$\triangle ABD$ 和 $\triangle BDC$）.

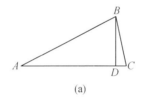 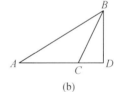

(a)　　　　　　　　　(b)

图 1.3

设整边直角三角形 $\Delta$ 和 $\Delta'$ 的边分别为 $a,b,c$ 和 $a',b',c'$（$c$ 和 $c'$ 为弦），并以 $\dfrac{a'}{a}$ 乘以三角形 $\Delta$ 各边得三角形 $\Delta_1$，三角形 $\Delta_1$ 各边为 $a',\dfrac{ba'}{a},\dfrac{ca'}{a}$，且与三角形 $\Delta$ 相似. 把三角形 $\Delta_1$ 和三角形 $\Delta'$ 沿相等的直角边拼在一起，可以得到两个具有有理边 $\dfrac{a'}{a}c,c',\left|\dfrac{a'}{a}b\pm b'\right|$ 的三角形，再将它们的边扩大 $a$ 倍，即得两个海伦三数

28

组：$a'c$，$ac'$，$|\,a'b \pm b'a\,|$.

同样，使直角边 $a$ 同 $b'$"相等"（即以 $\dfrac{b'}{a}$ 乘以三角形 $\triangle$ 各边）或使 $b$ 同 $a'$"相等"（乘以 $\dfrac{a'}{b}$），或使 $b$ 同 $b'$"相等"（乘以 $\dfrac{b'}{b}$）还可得 6 个海伦数组：$a'c$，$bc'$，$|\,a'a \pm b'b\,|$；$b'c$，$ac'$，$|\,b'b \pm a'a\,|$；$b'c$，$bc'$，$|\,b'a \pm a'b\,|$.

例如，对勾股数组（3，4，5）和（15，8，17），应用上述方法可得 8 个海伦数组：（75，51，84），（75，51，36），（75，68，77），（75，68，13），（40，51，77），（40，51，13），（40，68，84），（40，68，36）. 前两个及后两个数组分别用 3 和 4 去除得：（25，17，28），（25，17，12），（10，17，21），（10，17，9）.

试应用如下勾股数组求海伦数组[22]：

(1)（3，4，5）和（5，12，13）.

(2)（7，24，25）和（7，24，25）.

## 1.6　算术游戏

有些同某种理论联系的算术问题，解起来要有一定的机智和耐心. 常见的有数字间的有趣关系，各种数字逸事等. 下面看几个典型例子：

(1) 对数码 1，2，3，4，5，6，7，8，9，不改变其排列顺序，而在它们之间加上算术运算符号和（如果需要）括号，以使其运算结果等于某个预先给定的数 $N$. 例如，对 $N = 1$ 和 $\dfrac{1}{2}$，有

$$\frac{1}{2} = (123 - 45) : (67 + 89)$$

29

$$1 = 1 + 2 - 3 + 4 - 5 - 6 + 7 - 8 + 9$$
$$1 = 1 + 23 - 45 - 67 + 89$$

等.

可以提出这样的要求,就是用这种方法表示尽可能多的自然数或分数(如形式为 $\frac{k}{5}$ 的分数,$k = 1, 2, 3, \cdots$).也可以相反,取某一数而求所有可能的表示法.

在问题中,可以限定使用运算符号的种类,例如只许用 $+$,$-$;或反之,扩大使用种数,例如可用根号,还可考虑容许改变数字顺序(如 $100 = 67^2 - 4385 - 1 - \sqrt{9}$).

(2)把数字 $1, 2, 3, 4, 5, 6, 7, 8, 9$ 填在预给的算式中,使得等式成立.

　　①　____ × ____ = _____(如 $12 \times 483 = 5796$).

　　②　_____ × ____ = ____ × ____.

　　③　_____ × ____ = ____ × ____.

(3)把数字 $1, 2, 3, 4, 5, 6, 7, 8, 9$ 这样来安置,使得 3 个三位数之积____ × ____ × ____ 尽可能大(或尽可能小).

(4)把数字 $0, 1, 2, 3, 4, 5, 6, 7, 8, 9$ 这样来安置,使等式_____ : _____ = $n$ 成立,其中 $n$ 等于数 $2, 3, 4, 5, 6, 7, 8, 9$.

(5)有些数不用增添数字就可以表示成另一种形式.例如,$660 = 6! - 60$,$1395 = 15 \times 93$,$145 = 1! + 4! + 5!$,$144 = (1 + 4)! + 4! = (1 + \sqrt{4})! \times 4!$,$387420489 = 3^{87 + 420 - 489}$.

试寻求类似等式.

(6)数字 $1, 2, 3, 4, 5, 6$,用加、减、乘、除、乘方五种运算各用一次,以得到尽可能大的数.

(7) 在表达式 1 : 2 : 3 : 4 : 5 : 6 : 7 : 8 : 9 中加括号，以使最终的计算结果尽可能大(或小).

(8) 在例子 $41096 \times 83 = 3410968, 8 \times 86 = 688$ 中，用的是乘以两位数的"简化算法"：把乘数的第二个数字放在被乘数前面，而第一个数字排在被乘数后面.

试举类似的例子.

(9) 一本杂志的一篇小品文中说，在前一万个数中，只有 8 个数，用两种进位制写出都是 3 个相同的数字. 其中最小和最大的分别为 $273 = 111_{(16)} = 333_{(9)}$，$9114 = 222_{(67)} = \overline{14}\,\overline{14}\,\overline{14}_{(25)}$. 试求另外 6 个数.

你能否找到一个数：① 在三进制中写出是 3 个相同的数字；② 在二进制中写出是 4 个相同的数字.

(10) 数字爱好者们可以寻求新的数字游戏. 举几个例子以抛砖引玉：

① $\overline{10}\,\overline{10}44_{(13)} = \overline{11}\,\overline{11}^2_{(13)}$，$44\,\overline{10}\,\overline{10}_{(13)} = 77^2_{(13)}$；

② $7778^2 - 2223^2 = 55555555$；

③ $888889^2 - 111112^2 = 777777777777$；

④ $999999999^2 = 12345678987654321 \times (1+2+3+4+5+6+7+8+9+8+7+6+5+4+3+2+1)$.

怎样简单地检验最后三个等式？$(^{23})$

(11) 有趣的约简.

有这样的分数，当从其分子、分母上划去同样的一个或几个数字时，分数值不变. 例如，$\dfrac{19}{95} = \dfrac{1}{5}, \dfrac{3544}{7531} = \dfrac{344}{731}, \dfrac{2666}{6665} = \dfrac{266}{665} = \dfrac{26}{65} = \dfrac{2}{5}, \dfrac{143185}{17018560} = \dfrac{1435}{170560}, \dfrac{4251935345}{91819355185} = \dfrac{425345}{9185185}$，等等. 可以提出一个求所有容许这样"约简"的分数的问题. 比如说，由若干数字

构成的分子和分母,可以"约去"的数字应放于何处?

例如,由 $\dfrac{10a+b}{10b+c}=\dfrac{a}{c}(c\neq a)$ 容易得到 $c=\dfrac{10ab}{9a+b}$,使 $b$

和 $c$ 均取 10 以内的整数值的 $a$ 值,只有 $1,2,4$ 这 3 个

数,于是可求得分数:$\dfrac{16}{64},\dfrac{19}{95},\dfrac{26}{65},\dfrac{49}{98}$.

(12)应用 4 个 4(5 个 5,4 个 5 等)表示由 1 到 $n$ 的

任何整数,这里 $n$ 可以是任意大的自然数.例如,$1=$

$4-4+\dfrac{4}{4},7=\dfrac{44}{4}-4$ 等.

可以放宽对使用符号的限制,例如用阶乘($21=$

$4!+\dfrac{4}{4}-4$),根号($17=\sqrt{4^4}+\dfrac{4}{4}$),引用"数前加

点"(即记 $0.4=.4$ 等)和"数上加点"(循环点,记

$0.44\cdots=0.\dot{4}$).例如,$19=\dfrac{4}{.4}+\dfrac{4}{.\dot{4}}$ 等.

如果还容许用对数符号,那么只用 3 个 4,即

$$n=-\log_4(\log_4\underbrace{\sqrt{\cdots\sqrt{\sqrt{4}}}}_{2n\text{重根号}})$$

(试验证([23a]))就表示出了任何自然数 $n$.

# 1.7  数 字 把 戏

有的人能迅速完成多位数的心算,且常常使旁观

者惊叹不已.当然,即使懂得一些"节目"的"奥妙",也

不见得就能成功地表演这种算技,而只能在一些简单

的情形下有所助益.

下面举出几个简单的数字把戏.

### 1.7.1　猜测想到的数

假定某人想到了一个数,并对它施以一定的运算. 在很多情况下,都可以根据运算结果确定他所想的数. 我们举几个例子:

(1) 设某人想到一个数,给这个数加 3,再乘 6,再由积中减去想到的数,再减去 8,最后再除以 5,如果他说出结果,你就可以立刻说出他想到的数. 因为由等式

$$[(x+3) \times 6 - x - 8] \div 5 = x + 2$$

推知,要求得他想的数,只需由他说出的结果减去 2.

(2) 设某人想到两个 100 以内的数(月、日数,人的年龄,鞋号,钱的零头等)$x$,$y$. 令其完成下列等式左边所规定的一系列运算

$$(2x+5)50 + y - 365 = 100x + y - 115 = N$$

这时,只要知道 $N$,就可以确定 $x$ 和 $y$(给 $N$ 加上 115,然后从右向左两位分段:末两位是一个数,前面的是另一个数).

(3) 设某人想到一个数,是一个人出生的年($n$)、月($m$)、日($l$),而只限于 20 世纪的人(以便年数只取末两位数). 对 $l$,$m$,$n$ 施以由如下等式左边所指出的运算

$$[(20l + 222) \times 5 + m] \times 100 + n + 111$$
$$= 10000l + 100m + n + 111111 = N$$

为定出他想到的 3 个数,只需从 $N$ 中减去 111111,把差从右至左每两个数字分为一段. 例如,若 $N = 201656$,那么想到的数就是 9'05'45,即 1945 年 5 月 9 日,类似的"把戏"可编出很多.

### 1.7.2 猜测对未知数运算的结果

有很多游戏,是以对一大类数施以一定的运算而得到同一结果这种情况为依据的.这种情况的产生,有时是由于在运算过程中排除了所想到的数,有时是由于这一类数的特殊性,有时则是由于运算的特点.下边举几个典型例子:

(1) 如果在一个三位数右边,把这个数重写一遍,然后把所得六位数(它等于 $1001 \times N = N \times 7 \times 11 \times 13$)除以 7,再除以 $N$,最后再除以 11,那么总是得到 13.

大多数人一定会感到吃惊,怎么对随便一个数 $N$,总是可以除尽呢?

(2) 因为 3 以外的任意奇素数 $p$ 总可以表示为 $6k \pm 1$ 的形式,所以 $p^2 + 17 = 36k^2 \pm 12k + 18$,即 $p^2 + 17$ 除以 12 总是余 6.

(3) 如果一个三位数 $\overline{abc}$($a, b, c$ 为数码)中有 $a > c$,那么:

① 在差 $\overline{abc} - \overline{cab} = \overline{\alpha\beta\gamma}$ 中,总有 $\beta = 9 = \alpha + \gamma$.
② $\overline{\alpha\beta\gamma} + \overline{\gamma\beta\alpha} = 1089$.

因此,只要知道 $\overline{\alpha\beta\gamma}$ 首末数码之一,即可知 $\overline{abc}$ 与其"颠倒数"之差,而且无需询问 $\overline{\alpha\beta\gamma}$ 及原来想到的数,就可"猜想"出 $\overline{\alpha\beta\gamma} + \overline{\gamma\beta\alpha}$ 的和.

### 1.7.3 三表定数

将 1 到 60 这 60 个数依次排成三个图(图 1.4),图 1.4(a) 的 3 列 20 行,图 1.4(b) 的 4 列 15 行,第三个图的 5 列 12 行.

| I | II | III |
|---|---|---|
| 1 | 2 | 3 |
| 4 | 5 | 6 |
| 7 | 8 | 9 |
| ⋮ | ⋮ | ⋮ |
| 55 | 56 | 57 |
| 58 | 59 | 60 |

| I | II | III | IV |
|---|---|---|---|
| 1 | 2 | 3 | 4 |
| 5 | 6 | 7 | 8 |
| ⋮ | ⋮ | ⋮ | ⋮ |
| 53 | 54 | 55 | 56 |
| 57 | 58 | 59 | 60 |

| I | II | III | IV | V |
|---|---|---|---|---|
| 1 | 2 | 3 | 4 | 5 |
| 6 | 7 | 8 | 9 | 10 |
| ⋮ | ⋮ | ⋮ | ⋮ | ⋮ |
| 51 | 52 | 53 | 54 | 55 |
| 56 | 57 | 58 | 59 | 60 |

(a)　　　　　　　(b)　　　　　　　(c)

图 1.4

如果想到一个数 $N(\leqslant 60)$，指出 $N$ 在三个图中的列号 $\alpha, \beta, \gamma$，那么很容易定出这个数来：$N$ 等于 $40\alpha + 45\beta + 36\gamma$ 除以 60 的余数，或说是与和 $40\alpha + 45\beta + 36\gamma$ 关于模 60 同余的最小正数. 例如，对 $\alpha = 3, \beta = 2, \gamma = 1$，即有

$$40\alpha + 45\beta + 36\gamma \equiv 0 + 30 + 36 \equiv 6 \pmod{60}$$

即 $N = 6$[24]. 类似地，亦可将到 420 为止的整数排成四个图，分别有 3,4,5,7 列. 如果想到的数所在列的列号为 $\alpha, \beta, \gamma, \delta$，那么这个数就等于 $280\alpha + 105\beta + 336\gamma + 120\delta$ 除以 420 的余数. 试证明这一点.

### 1.7.4　纸牌游戏

有人提出，若从一副具有 36 张（四种花色，两张王牌除外）的纸牌中抽出一张，那么他可以由其他未抽去的纸牌迅速查出抽去的那一张牌（确定花色和点数）. 为此，通过记住未抽去的牌的办法是不行的，而只能简单地求所余牌点数之和 $S$. 运用一点技巧，算起来是很快的. 为简单起见，"王牌"点数算 10，那么有 $190 \leqslant S < 200$，所以在计算时只需 $S$ 的个位数（够 10

就舍去).

例如,若我们最后求得的是 3,那么 $S = 193$,因而抽去的牌点数是 7,花色可以通过再浏览一遍而确定.

### 1.7.5 谁拿了什么

猜的人把 1 个、2 个、3 个钱币分给 $A,B,C$ 三人,而把余下的 18 个放在桌上.趁猜的人不在场,$A,B,C$ 三人分别拿了叉子、勺子和刀子,然后拿叉子的人又拿了和他原来分得的一样多的钱币,拿勺子的人补拿了原有钱币的 2 倍,拿刀子的人补拿了 4 倍.

这里,物件在 $A,B,C$ 间有 6 种可能的分配:叉、勺、刀,勺、叉、刀,叉、刀、勺,勺、刀、叉、刀、叉、勺,刀、勺、叉.在桌子上剩下的钱币数相应的为:1,2,3,5,6,7 个.如果你能想出一个简单的方法记住上述对应关系,那么你就可以根据桌子上所剩钱币数,猜出谁拿了什么东西.

类似地,为了按剩余钱币确定 $n$ 个不同物体的主人,必须选取 $n$ 个不同的数 $a_1,a_2,\cdots,a_n$(相当于开初分配的钱币)及与其相关的乘数 $m_1,m_2,\cdots,m_n$,用不同的方法在数 $a_1,a_2,\cdots,a_n$ 间分配这些乘数,就得到 $n!$ 个不同的,但可能相差不多的如下形式的和:$m_{a_1}a_1 + m_{a_2}a_2 + \cdots + m_{a_n}a_n$($a_1,a_2,\cdots,a_n$ 分别为第 1 人,第 2 人,……,第 $n$ 人所拿物件号数).对于 $n=4$,例如,可取 $a_1=1,a_2=2,a_3=3,a_4=4$,且乘数 $m_i$ 为 1,2,5,15.

### 1.7.6 求多位数方根

运用一系列简单方法,不难学会用心算迅速地求

两位甚至三位数的完全方幂的奇次方根.

要算 $\sqrt[s]{N}$,必须把 $N$ 自右向左每 $s$ 个数字分为一段(最左一段可以不足 $s$ 个数字).应用下述两条规则,容易确定根的末位数字:

(1) 数 $n^5,n^9,n^{13},\cdots,n^{4s+1}$ 的末位数字与 $n$ 的相同.

(2) 若数 $n$ 分别以 $0,1,2,3,4,5,6,7,8,9$ 结尾,那么 $n^3,n^7,n^{11},\cdots,n^{4s-1}$ 相应地以数字 $0,1,8,7,4,5,6,3,2,9$ 结尾.

关于 $\sqrt[3]{N}$ 的首位数字,对 $s=3$,若已知 $n^3(1\leqslant n\leqslant 9)$ 的值,则易于求得;而对 $s=5,7,9,\cdots$ 必须记住一个前九个数的两位对数表,见表1.8.

表 1.8

| $n$ | 1 | 2 | 3 | 4 | 5 | 6 | 7 | 8 | 9 |
|---|---|---|---|---|---|---|---|---|---|
| $\lg n$ | 0 | 0.30 | 0.48 | 0.60 | 0.70 | 0.78 | 0.85 | 0.90 | 0.95 |

**例 1.2** 可以立刻写出 $\sqrt[3]{314432}=68$,这只要应用规则(2),并注意到 $6^3<314<7^3$.

**例 1.3** $\sqrt[7]{N}=\sqrt[7]{17565568854912}=n$,因为 $10^{13}<N<2\times10^{13}$,所以 $13.0<\lg N<13.3$,因此,$1.85<\lg n=\dfrac{1}{7}\lg N<1.9$,于是据表1.8可知 $70<n<80$,再运用规则(2)即知 $n=78$.

**例 1.4** 末位是8的一个46位数的25次方根必为 $68(45<\lg N<46$,则 $1.8<\lg n=\dfrac{1}{25}\lg N<1.84)$.

如果 $N$ 的末位数字是 $1,3,7,9$,那么只要知道 $N$ 的末两位数,就可以求得 $\sqrt[3]{N}$ 的末两位数.例如,$\sqrt[3]{\cdots 53}=n=10z+7$.展开:$(7+10z)^3=343+$

$147z \times 10 + \cdots$（最后两项不影响个位与十位数）. 因为 $N$ 的十位数字是 5，而 343 的十位数字是 4，那么 $147z$ 的末位数字必为 1，即 $z$ 为数字 3，也就是 $n = 100y + 37$.

这个方法有时可以用来进行计算表演：一个人慢慢地从右向左念出数 $N$ 的各个数字，不需念完（对 $N < 10^6$）就可以说出答案.

考虑到某些附带的情况，这个方法有时也可用于末位数为 $1,3,7,9$ 以外数字的情况；也可用于 $s = 5,7$ 等. 若 $n = \sqrt[8]{N}$ 的除一个数字以外其他数字都知道，则求这个数字的方法，可以根据如下规则[25] 得到：

如果 $n^3$ 除以 11 的余数是 $d$：$0,1,2,3,4,5,6,7,8,9,10$，那么 $n$ 除以 11 的余数是 $d_1$：$0,1,7,9,5,3,8,6,2,4,10$.

由 1.3 节可知，$N \equiv \sigma'(N)\ (\mathrm{mod}\ 11)$，其中 $\sigma'(N)$ 是 $N$ 的数码的代数和. 因此，只需求出 $\sigma'(N)$ 并确定关于模 11 与它同余的数 $d(0 \leqslant d \leqslant 10)$. 如果记住了 $d$ 和 $d_1$ 间的对应（许多计算表演者可以记住），就可以按条件 $d_1 \equiv \sigma'(n)\ (\mathrm{mod}\ 11)$ 求出要求的数 $n$ 的唯一未知数字.

**例 1.5** $\sqrt[3]{\overline{54053028541}} = \overline{3z81} = n$（已按前面的方法确定了 $z$ 以外的数字）.

因为 $\sigma'(N) = 1 - 4 + 5 - 8 + 2 - 0 + 3 - 5 + 0 - 4 + 5 = -5$，而 $-5 \equiv 6\ (\mathrm{mod}\ 11)$，所以 $d = 6$. 因此 $\sigma'(N) = 1 - 8 + z - 3 = z - 10$ 应关于模 11 和 $d_1 = 8$ 同余，故得 $z = 7$.

当然，所有这些计算都可以在心里迅速进行，这只要有良好的计算能力，再进行一定的训练就能办到.

38

# 1.8　数字巨人

在物理学、化学和天文学中，常碰到数字的"巨人"和"矮子". 例如，地球到最近行星的距离在 $10^{13} \sim 10^{14}$ km 之间，原子半径的数量级是 $10^{-8}$ cm，1 g 分子物质中的分子数近似等于 $6 \times 10^{23}$（阿伏加德罗常数）.

为了能够体会出这些数的大小，最好采用各种人为的方法. 例如，为了直观地表示阿伏加德罗常数，可以编出如下例子：

把一杯具有"理想"水分子的水均匀地撒在世界五大洋中，那么在每一杯大洋水中，将有不少于五百个"理想"水分子[26].

对在解各种数学问题中遇到的大数和小数，要形成清晰的概念，是相当复杂的. 我们考虑几个例子.

（1）随着 $x$ 的增长，$\lg x$ 增长是缓慢的，以至于要使不等式 $\lg x > 100$ 成立，就得 $x > 10^{100}$.

为了形象地说明这个数的大小，试计算并验证[27]它超过了充满一个棱长为 7 千万光年的立方体所需要的水分子数（认为水的密度保持为 1 g/cm³，则 1 cm³ 的水中约有 $\frac{1}{3} \times 10^{23}$ 个水分子）.

同样，通过把数 $k = 9^{9^9} \approx 4.28 \times 10^{369693099}$（若已知 $\lg 9 = 0.95424250943932\cdots$，试验算这结果）与阿基米德问题中牛的数目（$N = 77 \times 10^{206543}$，见 1.4 节）对比，可以了解其大小，而后者乃是"极其极其微小"的一个数.

然而与阿基米德名字相联系的，还有大大超过 $9^{9^9}$

的数. 在他的著作《砂粒计算》中,引入了大至 $10^{80000000000000000}$ 这样的一类数(用今天的符号,它含有 8 亿亿个零).

但这位"阿基米德巨人"又逊色于外形"难看"的数 $Q = 4^{4^{4^4}}$.事实上,$Q = 4^{4^{256}} > 4^{1.33 \times 10^{154}} > 10^{8 \times 10^{153}}$(试验算)[27a]. 为了表示将 $Q$ 按十进制写出以后的"长度"(不是指 $Q$ 本身),印成一本书,要念完它得花100年;"这个长度用线段表示出,光线走过它要 $10^{30}$ 年.然后用这个长度作为直径做成一个球,里边充满油墨,用这些油墨还不足以把这个数本身用微小的数字印出".

实际上,容易看出[28]这球体积略小于 $\frac{1}{2} \times 10^{144}$ cm³(检验). 假定每 1 cm³ 的油墨可印 1000000000 个数字,那么我们只能印有 $\frac{1}{2} \times 10^{153}$ 个数字的数,而 $Q$ 的数字超过了 $8 \times 10^{153}$ 个.

(2)已知随着 $x$ 的增加,$a^x (a > 1)$ 增长得比 $x^n$ ($n > 0$)快,而 $x^n$ 又比 $\log_b x (b > 1)$ 快.这就是说

$$\lim_{x \to \infty} \frac{x^n}{a^x} = 0, \quad \lim_{x \to \infty} \frac{\log_b x}{x^n} = 0$$

但是,例如,若 $f(x) = \frac{x^{1000000}}{1.000001^x}$,则等式 $\lim_{x \to \infty} f(x) = 0$ 可能被认为是奇谈怪论,如果只看表 1.9 开始部分的话.

表 1.9

| $x$ | 0 | 1 | 2 | $10^6$ | $10^{13}$ | $10^{14}$ |
|---|---|---|---|---|---|---|
| $x^{1000000}$ | 0 | 1 | $2^{1000000}$ | $10^{6000000}$ | $10^{13000000}$ | $10^{14000000}$ |
| $1.000001^x$ | 1 | 1 | 1.000001 | 1.000002 | $e \approx 2.718$ $e^{10^7} \approx 10^{4.34 \times 10^6}$ | $e^{10^8} \approx 10^{43.429 \times 10^6}$ |

但表 1.9 的结尾部分表明,对区间 $(10^{13},10^{14})$ 中的某个 $x$ 的值,$f(x)=1$,且因为 $\lg f(10^{14})\approx-29.43\times10^6$(验算),所以 $f(10^{14})<10^{-29\times10^6}$. 在表 1.9 中出现的数 e,即所谓自然对数的底:$\log_e N=\ln N$,而自然对数与常用对数间有关系 $\ln N=2.3025851\lg N$.

在高等数学中已经证明 $e=\lim\limits_{n\to\infty}\left(1+\dfrac{1}{n}\right)^n=2.7182818\cdots$,由此,$\lg e=0.4342945$ 和 $e=10^{0.4342945}$.

试证明[29],对函数 $\varphi(x)=\dfrac{\log_{1.000001}x}{x^{0.000001}}$,$\varphi(e^{31000000})>1$,而 $\varphi(e^{32000000})<1$.

(3)随着 $n$ 的增加,阶乘函数 $n!$ 将非常快地增大. 为了估计这个函数的增长速度,可以使用不等式 $\sqrt{2\pi n}\,e^{-n}n^n<n!<\sqrt{2\pi n}\,e^{-n}n^n e^{\frac{1}{12n}}$(斯特林公式),由此,

$$\frac{1}{2}\ln(2\pi n)+n\ln n-n<\ln(n!)<\frac{1}{2}\ln(2\pi n)+$$

$$n\ln n-n+\frac{1}{12n}$$

这个不等式给出了(对很大的 $n$ 值)$\ln(n!)$ 的精密界限. 应用它很容易验证[30],算出阶乘以后,$10000!$ 将"包含"35660 个数字,$100000!$ "含有"456574 个数字,$1000000!$ "含有"5565709 个数字.

# 中外古典博弈

## 2.1 堆物博弈

下面叙述三种博弈,并尽可能完备地探讨它们的理论. 在这些博弈中,大部分初始状态有利于先着者,即只要他采用正确对策,就能保证取胜,只有个别情形相反(当然,是对两个局中人都了解博弈理论而言的). 因此,玩这种博弈,只对不了解其理论的人才合适.

### 2.1.1 巴什博弈

从起初有 $n$ 个物体的一堆物体中,两个局中人轮流取物,每次可以取任意个(但每次不得少于 1 个,也不得多于 $a$ 个),轮到可以一次拿走余下的所有物体的人,就是优胜者.

对局中人来说,如果轮到他取的时候,堆中物体的数目($m$表示)是$a+1$的倍数,则于他不利.事实上,当$m=a+1$时,对这局中人的任意着法,对手都可以一下拿走剩下的物体.如果$m=(a+1)s$($s$为任意自然数),那么一个局中人取一次以后,对手可以取相应的个数,使堆中物体个数变为$(a+1)(s-1)$,然后是$(a+1)(s-2)$等,最后终于剩下$a+1$个,对手必胜.

对于所有其他初始状态($m=(a+1)s+r,1\leqslant r\leqslant a$),开着者一次取$r$个,就迫使对手面临不利的局势.

巴什早在1612年就用另一种形式提出了这个博弈:两个人轮流连续报数,每次至少报1个,至多报10个,谁能报到100为胜.

### 2.1.2　拣石子(两堆物博弈)

中国民间的**拣石子**博弈,理论是很复杂的.情况如下:

有个数任意的两堆物体,两个局中人轮流取:

(1)由一堆中取任意个(一次全拿走也行,但不能少于1个);

(2)同时从两堆中拿走同样多的物体(个数也是任意的,但不少于1).

按上述着法,能一次拿走所有剩下的物体的人,就是优胜者.

我们把两堆中分别有$k$个和$l$个物体(顺序不计)的状态称为局势$(k,l)$或$(l,k)$.按一定条件,可以构造所谓奇异局势

$$(c_0,d_0),(c_1,d_1),(c_2,d_2),\cdots,(c_n,d_n),\cdots \quad ①$$

条件是:

(1)$c_0=d_0=0$.

(2)局势$(c_n,d_n)$($n=1,2,\cdots$)的分量$c_n$取为在构

造局势$(c_0,d_0),(c_1,d_1),\cdots,(c_{n-1},d_{n-1})$时未用过的最小自然数.

（3）$d_n=c_n+n$.

其他局势都叫**非奇异的**. 前几个奇异局势是：$(0,0),(1,2),(3,5),(4,7),(6,10),(8,13),(9,15)$. 奇异局势有三条性质：

（1）每个自然数包含在一个且只包含在一个奇异局势中.

事实上，让$c_n$取前面局势中未用过的最小自然数，也就保证了每个自然数都必定在 ① 的局势中出现. 显然，$c_n$不会等于前面局势中任何分量，且因为对任何$k<n,d_n=c_n+n>c_k+k=d_k>c_k$，所以$d_n$也不会与前面局势中的分量相同.

（2）任意着将使奇异局势变为非奇异局势.

事实上，如果使用的着只改变奇异局势$(c_n,d_n)$的一个分量，那么必得非奇异局势，因为余下未变的分量不可能包含在两个不同的奇异局势中；如果着法使两个分量$c_n,d_n$减少了同样多，那么余下的数之差仍然是$n$，但所有其他奇异局势$(c_k,d_k)$分量之差$d_k-c_k=k\neq n$（见条件（3））.

（3）对任一非奇异局势，采用适当的着可变为奇异局势.

**证**　如果给定的是非奇异局势$(a,a),a\neq 0$，那么由两堆中各取$a$个，就变为奇异局势$(0,0)$. 如果给定非奇异局势$(a,b),a<b$，那么可能有如下几种情况：

①$a=c_k,b>c_k+k=d_k$. 显然，只需从第二堆中取走$b-d_k$个物体，就给出奇异局势$(c_k,d_k)$.

②$a=c_k,b<c_k+k$，即$b-c_k=b-a=h<k$. 这时，只需从两堆中各拿走$c_k-c_h$个物体，就给出奇异局势

44

$(a-(c_k-c_h),b-(c_k-c_h))=(c_h,c_h+h)=(c_h,d_h).$

③$a=d_k$. 只需从第二堆中拿走$b-c_k$个物体,即得奇异局势$(d_k,c_k)=(c_k,d_k)$.

由性质②③推出,任何一个局中人只要面对奇异局势又进行了一着,那么他的对手总会把它再变为奇异局势,且对手采用这种手段将得到分量越来越小的奇异局势,直到$(c_0,d_0)=(0,0)$为止,即对手拿走最后物体而取胜. 如果局势是非奇异的,那么适当着法总可使之变为奇异,每次如此处理必获优胜.

这样,在两个局中人都采用正确着法的情况下,如果初局是非奇异的,那么先着者必胜;若初局是奇异的,则后着者必胜.

我们指出,$c_k$和$d_k$可按如下公式计算

$$c_k=\left[k\,\frac{1+\sqrt5}{2}\right] \qquad ②$$

$$d_k=\left[k\,\frac{3+\sqrt5}{2}\right] \qquad ③$$

例如

$$c_{100}=\left[100\times\frac{1+\sqrt5}{2}\right]=[100\times1.61803398\cdots]=161$$

$$d_{100}=\left[100\times\frac{3+\sqrt5}{2}\right]=[100\times2.61803398\cdots]=261$$

由公式②③有

$$c_k<k\cdot\frac{1+\sqrt5}{2}<c_k+1$$

即

$$c_k\cdot0.61803398\cdots=c_k\frac{\sqrt5-1}{2}<k$$
$$<(c_k+1)\frac{\sqrt5-1}{2}$$

$$= (c_k + 1)0.61803398\cdots \quad ④$$

$$d_k \cdot 0.38196601\cdots = d_k \cdot \frac{3-\sqrt{5}}{2} < k$$

$$< (d_k + 1)\frac{3-\sqrt{5}}{2}$$

$$= (d_k + 1)0.38196601\cdots \quad ⑤$$

对任一局势,为了求出其正确着法,手头必须有一个大范围的奇异局势表. 如果没有,或现有的表中找不到 $a, b$ 中任何一个,若 $a < b$,那么就应该弄清在 $\left(a\dfrac{\sqrt{5}-1}{2}, (a+1)\dfrac{\sqrt{5}-1}{2}\right)$ 和 $\left(a\dfrac{3-\sqrt{5}}{2}, (a+1)\dfrac{3-\sqrt{5}}{2}\right)$ 这两个区间的哪一个中含有整数. 如果前一区间中含有某一整数 $k$,那么 $a = c_k$;如果后一区间中含有一整数 $k$,那么 $a = d_k$. 在两种情形下,正如性质(3)指出的,均可达到奇异局势. 容易证明[31],这两个区间中恰有一个包含了一个整数.

### 2.1.3 尼姆博弈(三堆物博弈)

此博弈起源不详,其规则是:给定三堆物体,两个局中人可以轮流从某一堆(每次可以随意选择一堆)一次取任意个数(但不少于 1 个)的物体. 能最后一次拿走剩下的所有物体的人,就算是优胜者.

为了弄清这种博弈的理论,我们需记住,任一个数可以(唯一地)表示为 2 的不同方幂之和的形式. 例如

$$17 = 2^4 + 2^0$$

$$29 = 2^4 + 2^3 + 2^2 + 2^0$$

$$97 = 2^6 + 2^5 + 2^0$$

我们称表示三堆分别有 $h, k$ 和 $l$ 个物体的三数组

$(h,k,l)$ 为**奇异局势**,如果每个数 $2^s(s=0,1,2,\cdots)$ 或者不包含在三个数 $h,k,l$ 的按 2 的不同方幂的展开式中,或者包含在两个展开式中.如果有一个数 $2^s(s=0,1,2,\cdots)$ 含在 $h,k,l$ 中的一个或三个展开式中,那么局势就叫作非奇异的.例如,局势 $(18,21,7)$ 是奇异的,因为 $18=2^4+2^1,21=2^4+2^2+2^0,7=2^2+2^1+2^0$.显然,对于任意 $n$,局势 $(0,n,n)$(一堆已拿尽)是奇异的.

这个博弈的理论基于如下几个定理:

**定理 2.1**　一个局中人,如果轮到他着时面对奇异局势 $(1,2,3)$ 和 $(0,n,n)$,那么他必输.

事实上,对局势 $(0,n,n)$ 来说,无论他从一堆中拿几个,对手只要从另一堆中拿同样多个,就可以导致奇异局势 $(0,m,m),m<n$.这种着法一直重复下去,最终必得局势 $(0,0,0)$,即其对手胜.考虑不多几种情况(按先着者的着法分),读者易证初始局势 $(1,2,3)$ 也是先着者失败.

**定理 2.2**　对于任意两个数 $m$ 和 $n$,可以选取第三个数 $p$(也是唯一的),使 $(m,n,p)$ 成为奇异局势.

事实上,只需(而且必须)取只含在 $m$ 和 $n$ 之一展开式的 2 的幂,把它们相加而得到 $p$;至于同时包含或同时不包含在 $m,n$ 展开式中的 2 的幂,不要取.

例如,对 $m=19=2^4+2^1+2^0,n=37=2^5+2^2+2^0$,$p$ 的展开式中要含有 $2^5,2^4,2^2$ 和 $2^1$,即 $p=54$ 与 19 和 37 构成奇异局势,其他数不行.

**定理 2.3**　将任何着施于奇异局势,将导致非奇异局势.

这可由定理 2.2 直接推出.

**定理 2.4**　对任何非奇异局势,采用适当着,可得到奇异局势.

为了证明,我们考虑如下两种情况:

(1)2 的最高次幂只包含在三个数的展开式之一中,或同时包含在三个展开式中,那么只需把最大的数减少到能同其他两数构成奇异局势.如果初局两个最大数相同,可减少任一个(或全部拿走较少的一堆).

(2)设 2 的最高次幂,例如 $2^s$ 只包含在两个数的展开式中,那么就应考虑 $2^{s-1}, 2^{s-2}, \cdots$ 直到碰上 2 的这样的幂(以 $2^r$ 表示),它或只含在一个数的展开式中,或含在三个展开式中.为了得到奇异局势,只需通过改变"尾部"来减少这几个数之一("尾部"是指展开式中包括 $2^r$ 以及低于 $2^r$ 的 2 的方幂之和).为此,由第一部分的讨论可知,应减少有最大尾部的数.如果有两个数有同样的最大尾部,那么可减少其中任一个(或拿掉整个第三数的尾部).

**例 2.1**
$$h = 14 = 2^3 + 2^2 + 2^1$$
$$k = 21 = 2^4 + 2^2 + 2^0$$
$$l = 39 = 2^5 + 2^2 + 2^1 + 2^0$$

这是第一种情况.只需减少数 $l$,得到 $l' = 2^4 + 2^3 + 2^1 + 2^0 = 27$,即由第三堆拿走 12 个物体.

**例 2.2**
$$h = 81 = 2^6 + 2^4 + 2^0$$
$$k = 121 = 2^6 + 2^5 + 2^4 + 2^3 + 2^0$$
$$l = 55 = 2^5 + 2^4 + 2^2 + 2^1 + 2^0$$

这里,数 $2^6$ 和 $2^5$ 在展开式中都出现两次;而 $2^4$ 出现了 3 次,$k$ 有最大尾部,那么就把它变为 $2^2 + 2^1$,$k$ 成了 $k' = 2^6 + 2^5 + 2^2 + 2^1 = 102$,它同 $l$ 和 $h$ 构成奇异局势.这样,从第二堆拿走 19 个,就引向奇异局势(81,102,55).

**例 2.3**
$$h = 29 = 2^4 + 2^3 + 2^2 + 2^0$$
$$k = 58 = 2^5 + 2^4 + 2^3 + 2^1$$
$$l = 45 = 2^5 + 2^3 + 2^2 + 2^0$$

这属于情况(2)中的后一种情形:$2^5$ 和 $2^4$ 在展开式中出现两次,最大尾部 $2^3 + 2^2 + 2^0$ 属于 $h$ 和 $l$ 两个数,因此可以把任一尾部减少 6,成为 $2^2 + 2^1 + 2^0 = 7$,这就或者得到奇异局势 $(h-6,k,l) = (23,58,45)$ 或者得到奇异局势 $(h,k,l-6) = (29,58,39)$.但也可以简单地去掉 $k$ 的尾部 $2^3 + 2^1$,从而得到奇异局势 $(h, k-10, l) = (29,48,45)$.

由定理 2.3,2.4 推出:

(1)面对任何奇异局势而先出着的人必输,因为它的对手在他着后总是可以构造另一奇异局势,重复运用这样的策略,迟早总要出现局势 $(0,n,n)$ 或 $(1,2,3)$,从而对手得胜.

(2)面对任何非奇异初局而首先出着的局中人,应建立奇异局势,以保证优胜.

尼姆博弈也可以如下进行:在棋盘上任意摆三个跳棋的棋子,两个人按图 2.1 中箭头所示的方向朝方格 $A$ 移动,一着可以将任意棋子移动任意格数(为此,一格可放两个甚至三个棋子).当所有棋子移动到 $A$ 就算结束,而走了末着者为优胜.

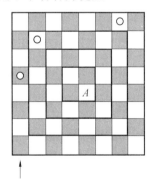

图 2.1

**附注 1**　当条件做某些改变时,也可试着建立博弈理论.例如,在巴什博弈中,容许一着取 $3 \sim 15$ 个物体,只要这堆物体多于 50 个.而当物体少于 50 个时,则只许每着取 $1 \sim 10$ 个.

在两堆物博弈中,可规定每着只从一堆中取,或从两堆中拿的数目为 $1 : 2$ 等.

在三堆物博弈中,可以补充一个着法 —— 可以由两堆或三堆中平均取(即取一样多)物体.

当然,不一定在所有情况下都很容易建立博弈理论,也不一定是简单优美的,但在个别情形下也可能得到有趣的结果.

**附注 2**　在阿尔诺利德的文章中,有对正确进行两堆物博弈的一系列指导,甚至阐明了奇异局势同斐波那契数间的密切关系.

试在两堆物博弈中:

(1) 求对局势 $(27,37)$,$(14,90)$,$(47,69)$ 的正确着[32].

(2) 分别确定数 $40,55,140,400$ 中哪一个可以作为奇异局势的较小分量及较大分量,并分别求出另一分量[33].

(3) 分别按 2.1.2 节的条件 $(1) \sim (3)$ 及公式②③来建立到 $(c_{10},d_{10})$ 为止的奇异局势,把结果加以比较.

在尼姆博弈中,求关于如下局势的正确着(或几种正确着):$(10,17,25)$,$(47,99,181)$,$(25,43,50)$,$(29,29,18)$,$(93,29,74)$[34].

## 2.2　九　连　环

在16世纪中叶,意大利数学家卡丹描述了如图2.2(a)所示的中国古老的博弈——九连环.博弈的要求是从金属梁 $ab$ 上取下所有小环,这些小环是用系在小棍 $cd$ 上的线串连起来的.

线可以用金属丝代替,而小棍 $cd$ 可以用打了孔的铁片 $kl$ 代替,使金属丝穿过相应的孔之后弯一个圆勾以免退出(图2.2(b)).

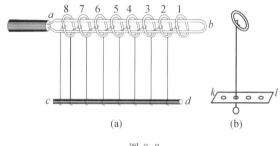

图 2.2

根据九连环的特殊结构,可以制订出解决的方案,而计算为了达到要求的目标所必须的操作次数,是有趣的数学问题.

手头有一个九连环(制作也不难),容易验证:

(1)环1可以放下(从梁上取下并经过两梁之间的缝隙放到下边去)或放上(穿过两梁间缝隙拿到上边再套到梁上),而与其他环在梁上或梁下无关.

(2)号数为 $3,4,5,\cdots$ 的环可以放上或放下,当且仅当环1在梁上而所有其他比它号数小的环在梁下,而与任何比它号数大的环处于何状态无关.

51

（3）环 2 可以同环 1 同时放下或放上，而与其他环的位置无关．

下文中对于放上或放下一环，或同时放上或放下环 1,2，都叫作一着．设共有 $n$ 个环：$A,B,C,D,\cdots,K,L,M$，相应号数为 $n,n-1,n-2,n-3,\cdots,3,2,1$，可以画图来表示，环在梁上，相应字母写在水平线上边，环在梁下，相应字母就写在水平线下边．

以 $U_k(k\leqslant n)$ 表示放下（或放上）号数为 $1,2,\cdots,k-1,k$ 各环所需的最少着数．

要放下第 $n$ 个环（图 2.3(a)），必先达到图 2.3(b) 的状态，而要达到图 2.3(b) 的状态最少要 $U_{n-2}$ 着．再用放下 $A$ 的一着，达到图 2.3(c) 的状态，共计用了 $U_{n-2}+1$ 着．容易验证：由图 2.3(c) 的状态出发，为了放下 $B$，必须通过图 2.3(d) 所示的中间阶段．事实上，为了放下 $B$，环 $C$ 应在梁上，那么在放上环 $C$ 以后，立刻成为图 2.3(e) 所示状态，这里环 $D$ 妨碍放下环 $B$．重复这个推理，我们相信，要放下 $D$，就难免要通过图 2.3(f) 的状态，这里环 $F$ 影响放下 $D$，而放下 $F$，又需通过图 2.3(g) 的状态，等等．总之，为放下 $B$，必须先达到图 2.3(d) 的状态．

因为由图 2.3(c) 到图 2.3(d)（同样，由图 2.3(d) 到图 2.3(c)）最少需要 $U_{n-2}$ 着，而放下图 2.3(d) 的状态的所有环（注意，有 $n-1$ 个），也至少需要 $U_{n-1}$ 着，所以

$$U_n=U_{n-2}+1+U_{n-2}+U_{n-1}=U_{n-1}+2U_{n-2}+1 \quad ①$$

52

$$\underline{A\ B\ C\ D\ E\ F\ G\ H\ I\ \cdots\ K\ L\ M}$$
$$\text{(a)}$$

$$\underline{\quad\underline{A\ B}\qquad\qquad\qquad\qquad\qquad}$$
$$\underline{\qquad\ C\ D\ E\ F\ G\ H\ I\ \cdots\ K\ L\ M}$$
$$\text{(b)}$$

$$\underline{\quad\underline{B}\qquad\qquad\qquad\qquad\qquad}$$
$$\underline{A\qquad C\ D\ E\ F\ G\ H\ I\ \cdots\ K\ L\ M}$$
$$\text{(c)}$$

$$\underline{\quad\underline{B\ C\ D\ E\ F\ G\ H\ I\ \cdots\ K\ L\ M}}$$
$$\underline{A\qquad\qquad\qquad\qquad\qquad\qquad}$$
$$\text{(d)}$$

$$\underline{\quad\underline{B\ C\ D}\qquad\qquad\qquad\qquad}$$
$$\underline{A\qquad\ E\ F\ G\ H\ I\ \cdots\ K\ L\ M}$$
$$\text{(e)}$$

$$\underline{\quad\underline{B\ C\ D\ E\ F}\qquad\qquad\qquad}$$
$$\underline{A\qquad\qquad\ G\ H\ I\ \cdots\ K\ L\ M}$$
$$\text{(f)}$$

$$\underline{\quad\underline{B\ C\ D\ E\ F\ G\ H}\qquad\qquad}$$
$$\underline{A\qquad\qquad\qquad\ I\ \cdots\ K\ L\ M}$$
$$\text{(g)}$$

图 2.3

显然，$U_1 = U_2 = 1$，应用递推关系 ①，得到

$$U_3 = U_2 + 2U_1 + 1 = 4$$
$$U_4 = U_3 + 2U_2 + 1 = 7$$
$$U_5 = U_4 + 2U_3 + 1 = 16$$
$$\vdots$$

应用数学归纳法，容易验证

$$U_n = \frac{1}{2}(2^n - 1 + (-1)^{n+1})$$

由此可见，当 $n$ 增加时，$U_n$ 将迅速增加. 例如 $U_{21} = 2^{20} = 1048576$.

　　**问题**　在如图 2.4 所示的每个状态中，求放上和放下每个环的最好方法，并确定着数[35].

53

```
   11 10    8      5 4 3   1
12       9     7 6           2
```
```
         10 9       6 5       2 1
12 11       8  7        4 3
```
```
   11      9     7    5    3    1
12  10    8    6    4    2
```
```
12   10 9     6 5 4
   11      8 7        3 2 1
```

图 2.4

## 2.3  柳 克 博 弈

法国数学家柳克发明了一种博弈(他称之为"昂诺瓦塔"问题),要求把 $n$ 个不同尺寸的圆盘,从一个立柱 $A$(图 2.5)移到另一个立柱 $B$ 上去,可以使用辅助立柱 $C$,且一着只可以移动一个盘(从任一立柱移到别的柱),但不许把盘放在任何小于它的盘上.

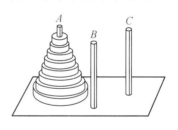

图 2.5

要求指出最好的解法,并求着数 $U_n$.

因为要把一个下边的盘移到 $B$ 上,必须先把它上边的其他盘移到 $C$ 上(以 $B$ 作为辅助立柱),而这至少要 $U_{n-1}$ 着,那么显然

$$U_n = U_{n-1} + 1 + U_{n-1} = 2U_{n-1} + 1$$

54

由此使用数学归纳法$(36)$,容易得到 $U_n = 2^n - 1$.

数学爱好者可向自己提出一系列与柳克博弈有关的问题.把盘由小到大依次编号为 $1,2,3,4,\cdots$,那么就可以求出,例如把局势 $\{A(8,4,3), B(7,5,1), C(6,2)\}$(括号中的数字指出了该柱上盘的号数)变成局势 $B(8,7,6,5,4,3,2,1)$ 所需的最少着数.或由局势

$$\{A(2m, 2m-2, \cdots, 6, 4, 2),$$
$$B(2m-1, 2m-3, \cdots, 5, 3, 1)\}$$

或

$$\{A(2m, 2m-1, \cdots, m+2, m+1),$$
$$B(m, m-1, \cdots, 3, 2, 1)\}$$

到

$$\{A(2m, 2m-1, 2m-2, \cdots, 4, 3, 2, 1)\}$$

所需的最少着数.

# 2.4　索里杰尔

名为索里杰尔①的博弈,是要在一块木板上画 33 个方格(图 2.6),每个格用一个数偶来表示,数偶中的两个数分别表示水平位置和竖直位置的编号.

博弈一开始,除一格之外,全部格都摆上跳棋的棋子.要求拿走 31 个棋子,并指定空格 $(a,b)$ 为"始格",一个格 $(c,d)$ 为"终格"(即到博弈完了时有棋子的格).规则如下:任一棋子,如果在它所在方格的一边(上、下或左、右)的格中有棋子(这子称为跳子)而相对的一边为空格,那么可将它取去,同时把跳子移

---

① Солитер,原意是镶好的钻石.

到关于已拿走的棋子相对的一边去.

| | | 73 | 74 | 75 | | |
|---|---|---|---|---|---|---|
| | | 63 | 64 | 65 | | |
| 51 | 52 | 53 | 54 | 55 | 56 | 57 |
| 41 | 42 | 43 | 44 | 45 | 46 | 47 |
| 31 | 32 | 33 | 34 | 35 | 36 | 37 |
| | | 23 | 24 | 25 | | |
| | | 13 | 14 | 15 | | |

图 2.6

由该博弈的理论推知,当且仅当 $a \equiv c \pmod 3$ 且 $b \equiv d \pmod 3$ 时,问题是可解的.

下面举一个例子说明解题过程,其中格 $(4,4)$ 是始格,也是终格:

| | | | |
|---|---|---|---|
| 1.64—44 | 2.56—54 | 3.44—64 | 4.52—54 |
| 5.73—53 | 6.75—73 | 7.43—63 | 8.73—53 |
| 9.54—52 | 10.35—55 | 11.65—45 | 12.15—35 |
| 13.45—25 | 14.37—35 | 15.57—37 | 16.34—36 |
| 17.37—35 | 18.25—45 | 19.46—44 | 20.23—43 |
| 21.31—33 | 22.43—23 | 23.51—31 | 24.52—32 |
| 25.31—33 | 26.14—34 | 27.34—32 | 28.13—33 |
| 29.32—34 | 30.34—54 | 31.64—44 | |

这里所写的数字指出了"跳子"跳出和跳入格的号码(同时拿走了这两格间的棋子).

试拿走 31 颗棋子:始格为 $(5,7)$,终格为 $(2,4)$ 或始格为 $(5,5)$,终格为 $(5,2)$[37].

## 2.5 "15 棋子游戏"及其他

"15 棋子游戏"的要点是:在有 16 个方格的棋盘中,按任意顺序放上 15 个标了号的棋子(例如,参看图 2.7(a)),要求使用"单行步",即把与空格相邻的格中的棋子移入空格,来改变号码顺序,使成为图 2.7(c).

例如,移动棋子 12,由图 2.7(a)变为图 2.7(b);然后可以把棋子 10 或 11 移向空格,等等.

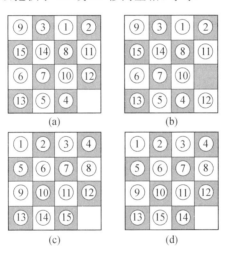

(a)　　　　　　　(b)

(c)　　　　　　　(d)

图 2.7

棋子在棋盘上的布局称为**排列**. 可以证明,有些排列是"不可解的",即它不可能变为图 2.7(c)的排列,这个基本结果的证明依赖于如下十分简单的思想. 约定,如果大号码的棋子在小号码棋子前面,就说这二子是**相对逆序**(构成了倒排),例如,图 2.7(c)的排列无逆序,而在图 2.7(a)的排列中,棋子 1(与棋子 3

和 9) 构成两个逆序, 棋子 2 也与棋子 3, 9 构成两个逆序, 棋子 3 同 9 构成一个逆序(而 3 同 2, 1 的逆序前已称及), 等等. 可以算出, 图 2.7(a) 的排列中共有 49 个逆序.

我们将认为空格中有假想的棋子 16, 因此, 每一步都导致假想棋子 16 与某相邻子**交换位置**.

在图 2.7(a)(c)(d) 的排列中, 无任何棋子同棋子 16 构成逆序, 而在图 2.7(b) 的排列中, 号码为 13, 5, 4, 12 的各棋子均与 16 构成逆序.

具有偶数个逆序(包括同假想棋子 16 的逆序) 的排列, 如图 2.7(b) 和(c) 的排列, 称为偶排列, 而有奇数个逆序的, 如图 2.7(a) 和(d) 的排列, 称为奇排列.

在高等代数中已证明, 交换排列中任意两个元素的位置将改变排列的类型, 因此, "15 棋子游戏" 的任一步, 既然交换了某棋子同棋子 16 的位置(例如由图 2.7(a) 到图 2.7(b)), 那么显然, 偶数步回到原来的类型, 奇数步变为相反的类型. 为了清楚可见, 如将 16 个格相间着色(图 2.7), 那么, 每一步将改变空格颜色, 因此, 如下定理正确:

**定理 2.5** 空白格的奇排列及空黑格的偶排列是不可解的, 即不能变为图 2.7(c) 的排列.

事实上, 由一个具有空白格的奇排列, 导出空格在右下(为白格) 角的排列只有经过偶数步, 而这只能得到一个奇排列, 故不会得到图 2.7(b) 的排列, 类似可证明空黑格的偶排列不可解, 进一步还可以证明:

**定理 2.6** 如果在 15 棋子游戏中, 不仅容许 "单行步", 而且容许把任何棋子移到空格, 以及交换任意两个棋子, 那么任何奇排列不可能通过偶数步得到

图 2.7(c) 的排列,任何偶排列不可能通过奇数步得到
图 2.7(c) 的排列.

事实上,经过对游戏规则的这种改变,每一步仍
是交换某两个棋子(其中之一可能是假想棋子 16),从
而改变排列类型(试证明!),而要得到图 2.7(c) 的排
列,其本身的奇偶性和总着数的奇偶性应该是相同的.

**定理 2.7**　任何空格为白格的偶排列和空格为黑
格的奇排列都是可解的,即可以变为图 2.7(c) 的排
列,其他排列能变为图 2.7(d) 的排列.

我们先看五个棋子在六格矩形中的移动.如果我们
只注意棋子在矩形中按顺时针循环排列时的相对位置
(不考虑空格位置),那么图 2.8(a)(b)(c) 中所放的棋子
就应算作是有同样排列 14352(或 43521,35214 等).

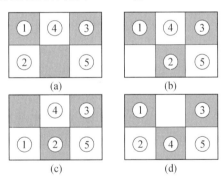

图 2.8

容易看出,任何水平移动(例如,由图 2.8(a) 变为
图 2.8(b))和沿着边的竖直移动(例如,由图 2.8(b)
变为图 2.8(c))都不会改变棋子的相对位置,而任何
沿中间列的竖直移动(例如,在图 2.8(a) 中移动棋子 4
变为图 2.8(d))将改变棋子的相对位置,且得到一个

实质上是新的排列 13542,这也可以看作把棋子所对应的号码移动到两个位置而得到的:14352. 这样,可以把任意三个棋子,例如,1,2,3 排成递增的顺序. 例如,由排列 14352 出发,先移动棋子 2,然后在中间列移动棋子 4(可能在这一步之前,要使棋子循环运动一次),就能得到排列 12345(由另一排列出发,可得 12354).

据已证的结果可知,从有序棋子的任何局势出发,例如,按下面的顺序(一般说来,不是步数最少的解法),总可以导出:

(1) 在 矩 形 "1,2,5,6,9,10"(这 里 是 指 在 图 2.7(c)的排列中构成了一个矩形的六个方格的号码)中保留棋子 1,2 和其他三个棋子以及一个空格.

(2) 移动棋子 1,2 到它们相应的位置.

(3) 类似地,依次把如下棋子放置到相应的位置上去:

3 和 4 在矩形"3,4,7,8,11,12"中移动;

5 和 6 在矩形"5,6,9,10,13,14"中移动;

7 和 8 在矩形"7,8,11,12,15,16"中移动;

9 和 13 在矩形"9,10,11,13,14,15"中移动.

(4) 在矩形"10,11,12,14,15,16"中保留 10,11,12,14 和 15,其中的三个:10,11 和 12 能够移动到相应的位置上去,且如果初始排列满足定理 2.7 的条件,则得到图 2.7(c)的排列,否则,将得到图 2.7(d)的排列.

把一个不太长的词或句拆成字母,标在棋子上,就可以做出 15 棋子游戏的一种变形,这时,如有字母出现两次,而其他字母为一次,那么棋子的任何初始

排列都可得到"正规"排列.

就以"Мы Навели Порядок"(我们整顿秩序)这句话为例,列出字母,表 2.1.

表 2.1

| 字　母 | м | ы | н | а | в | е | л | и | п | р | я | д | к |
|---|---|---|---|---|---|---|---|---|---|---|---|---|---|
| 编　号 | 1 | 2 | 3 | 4 | 5 | 6 | 7 | 8 | 9 | 11 | 12 | 13 | 15 |

而把号码 10 和 14 任意分配给两个字母 о,这样,由棋子的任何排列出发,均可得到两种不同类型的排列,因为它们是可以相互导出的,因此,排列总是可解的.

例如,在图 2.9 中,上面字母 о 编为 14 号,则得一偶排列(44 个逆序),反之,则得奇排列(47 个逆序).

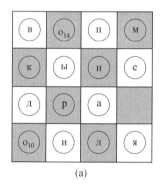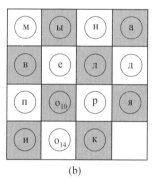

图 2.9

因为在图 2.9(a) 的排列中,空格是黑格,那么为得到图 2.9(b) 的排列,只需把上面的字母 о 移到第 14 格而下面的字母 о 移到第 10 格.

关于 15 棋子游戏的结论,对于"9 方格游戏"也是成立的.这种游戏是把 8 个棋子排列在有 9 个方格的正方形中而得到的.

61

我们考虑 9 方格游戏的有趣变形,即所谓 Хамелеон[①] 游戏.这种游戏在画有几个小方格的"棋盘"上进行,有些方格间以直线联结(图 2.10(a)).在 8 个棋子上分别写上 Хамелеон 的各字母,把字母按任意顺序摆在某八个方格内,沿连线移动棋子,以使得从方格 1 开始沿连线按顺时针方向读字母时,读得 Хамелеон.

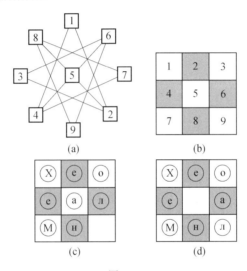

图 2.10

图 2.10(a) 上"棋盘"的方格按下列要求编号:任意两格当且仅当在图 2.10(b) 的正方形中具有相同号码的方格通过单步相连时,才有线段联结.

因为在词 Хамелеон 中有两个同样的字母 e,而其

---

① 原意是"变色龙",我们玩时,可用中文里一句话,例如"我们爱学科学知识"来代替.

余字母只出现一次，因此，和前面一样，字母在图 2.10(b) 的正方形中任意的初始排列，均可得到图 2.10(c) 的状态，再得到图 2.10(d) 的状态，从而得到游戏的解（同图 2.10(a) 对照）.

这一节描述的游戏，是单人游戏，但也可以由几个人比赛以寻求由指定的一站到另一站的最短路线.

为了把"15 棋子游戏"复杂化，可以限制一些步. 例如，可以证明（请试证）[38]像图 2.11 那样设置障碍，不会妨碍任何初始局势导致图 2.7(c) 或 (d) 的局势.

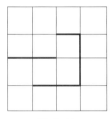

图 2.11

## 2.6　确定达到目标的方法数问题

### 2.6.1　跳格问题

（1）站在地上所画的跳格左面（图 2.12）的人，他可以用多少种方法跳到第 $n$ 格？这里假定他只能自左向右跳，只许在格内着地，而且他可以跳任意多个格.

图 2.12

用 $u_s$ 表示达到第 $s$ 格的方法数. 由于他一次可以跳任意多个格, 所以一次连跳 $n$ 个格在中间不着地是可能的. 而在 $k$ 个中间格着地, 他有 $C_{n-1}^k$ 种方法. 因此

$$u_n = 1 + C_{n-1}^1 + C_{n-1}^2 + \cdots + C_{n-1}^{n-1} = 2^{n-1} \qquad ①$$

**附注 1** 显然, 我们顺便求得了表数 $n$ 为正整数之和(也包括一个加项构成的"和")的方法数. 两种表示法中, 若加数不同, 或加数相同但排列顺序不同, 就认为是不同的.

**附注 2** 如果在跳步时, 只容许在中间着地偶数次, 那么有 $u_n = 1 + C_{n-1}^2 + C_{n-1}^4 + \cdots$, 即 $2^{n-2}$ 种方法.

(2) 如果只容许跳一格(跳入邻格)或两格(越过一格), 那么要跳到第 $n$ 格, 有多少种跳法?

我们用 $v_s$ 表示达到第 $s$ 格的方法数. 因为要一次跳入号码为 $s$ 的格, 只有从号码为 $s-1$ 或 $s-2$ 的格才行, 而为了跳到这两个格, 又分别有 $v_{s-1}$ 和 $v_{s-2}$ 种方法, 因此, 对 $s > 2$, 有

$$v_s = v_{s-1} + v_{s-2} \qquad ②$$

易于直接验证

$$v_1 = 1, \ v_2 = 2 \qquad ③$$

由 ③ 出发, 应用公式 ② 可以依次算出 $v_3, v_4, v_5, \cdots$ 的值, 即问题的解, 可列为表 2.2.

表 2.2

| $s$ | 1 | 2 | 3 | 4 | 5 | 6 | 7 | 8 | 9 | 10 | 11 | 12 | 13 | 14 |
|---|---|---|---|---|---|---|---|---|---|---|---|---|---|---|
| $v_s$ | 1 | 2 | 3 | 5 | 8 | 13 | 21 | 34 | 55 | 89 | 144 | 233 | 377 | 610 |

方程 ② 是如下所谓"有限差分方程"的特例

$$v_{x+m} = F(v_x, v_{x+1}, \cdots, v_{x+m-1}) \qquad ④$$

这种方程是有限差分学研究的对象.

如果已知值 $v_0, v_1, \cdots, v_{m-1}$，那么应用 ④，即所谓函数 $v_x$ 的递推关系式，即可相继求出 $v_m, v_{m+1}, v_{m+2}, \cdots$ 也就是方程 ④ 的解表. 但是，例如要想用这方法求得 $v_{1000}$，是很不方便的，所以常常努力寻求形如 $v_x = f(x)$ 的解.

容易验证[39]，函数

$$v_n = \frac{1}{\sqrt{5}}\left(\left(\frac{1+\sqrt{5}}{2}\right)^{n+1} - \left(\frac{1-\sqrt{5}}{2}\right)^{n+1}\right) \qquad ⑤$$

满足方程 ② 和 ③，应用它计算 $v_3, v_4, v_5, \cdots$ 的值，可得表 2.2 中同样的数（请试一试）.

向读者推荐马库雪维奇的有趣的小册子，这本书用初等方法叙述常系数线性差分方程，即形如

$$v_{x+m} = a_0 v_x + a_1 v_{x+1} + \cdots + a_{m-1} v_{x+m-1}$$

的方程的理论，② 也是这样的一种方程.

**附注 3**　对斐波那契的"兔子问题"的研究，也就是求解方程 ②. 因此，表 2.2 中的数，称为斐波那契数，它有很多有趣的性质，这里我们仅指出它同二项式系数的关系. 由第二个跳步问题的解推出，$v_n$ 等于把自然数 $n$ 表示为加数 1 或 2 之和的形式的不同表示方法数，而且当加数相同但顺序不同时，也算作不同的表示法. 另一方面，其中 2 出现 $k$ 次的表示方法为 $C_{n-k}^k$ $\left(0 \leqslant k \leqslant \left[\dfrac{n}{2}\right]\right)$，因为在这种情形下，加数的总共个数为 $n-k$，而由 $n-k$ 个位子中选 $k$ 个位子填数码 2 的方法有 $C_{n-k}^k$ 种. 因此

$$v_n = 1 + C_{n-1}^1 + C_{n-2}^2 + \cdots + C_{n-\left[\frac{n}{2}\right]}^{\left[\frac{n}{2}\right]} \qquad ⑥$$

**附注 4**　根据第一跳步问题可以建立关系

$$u_s = 1 + u_1 + u_2 + \cdots + u_{s-1} \qquad ⑦$$

由此容易导出等式（对 $u_1 = 1$）$u_n = 2^{n-1}$.

**附注 5**　在跳步问题中，还可以提出各式各样的条件：例如，我们可以容许从一般的格一次跳 1 个、2 个或 3 个格，而从号码为 5 的倍数（包括起跳点）的格，一次只能跳 1 个格（比方说，因为是粘土地，跳不远）. 在这样的条件下，以 $w_s$ 表示到达第 $s$ 格的方法数，那么我们得到的不是一个方程，而是方程组

$$\begin{cases} w_s = w_{s-1} + w_{s-2} + w_{s-3} & \text{对 } s = 5k \text{ 及 } s = 5k \pm 1 \\ w_s = w_{s-1} + w_{s-3} & \text{对 } s = 5k+2 \\ w_s = w_{s-1} + w_{s-2} & \text{对 } s = 5k+3 \end{cases}$$

且 $w_1 = 1, w_2 = 2, w_3 = 2$.

试算出 $w_s$ 的值表[40]，以验证在这种情况下跳到第 15 格有 1619 种方法.

下面来研究与两个或多个整变量的未知函数有关的问题.

### 2.6.2　象棋车①问题

把象棋车由格 $(0,0)$ 移到格 $(m,n)$（走步数最少的路）共有多少种方法，如果移动只能用车移单步，即只能穿过水平或竖直边界移向邻格的话？

小括号中的数分别表示格所在的列号和行号，且最左列与最下行号码为 $0$（$m,n$ 为非负数）.

以 $U_{x,y}$ 表示由格 $(0,0)$ 按上述要求移到格 $(x,y)$

---

① 原文 ладъе 指国际象棋中的塔形棋子，这里译为"车"，以符合下面的着法.

的方法数. 显然, 对任意正整数 $x, y$, 有
$$U_{x,0} = 1, U_{0,y} = 1 \qquad \text{⑧}$$
因为当 $x > 0, y > 0$ 时, 一个车只有从格 $(x-1, y)$ 和 $(x, y-1)$ 才能按要求直接通向格 $(x, y)$, 而到达这两个格分别有 $U_{x-1,y}$ 和 $U_{x,y-1}$ 种方法, 所以
$$U_{x,y} = U_{x-1,y} + U_{x,y-1} \qquad \text{⑨}$$
我们得到了两个整 (这里是非负的) 自变量的函数 $U_{x,y}$ 的递推关系式.

如果在每个格中都写上相应的值 $U_{x,y}$, 那么由于 ⑧ 和 ⑨, 最左一列和最下一行的格可以马上写出是 1, 然后 (参看 ⑨) 逐渐填写其余的格. 每格应填的数等于其相邻两格 (下面的和左面的) 所填数之和. 这就是我们给出的方程 ⑨ 在条件 ⑧ 之下的解 (图 2.13).

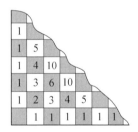

图 2.13

车路问题还可以更简单地去解, 并可给出方程 ⑨ 的解的公式. 我们注意到一车由格 $(0,0)$ 到格 $(m,n)$ 必须走 $m+n$ 步, 即沿水平方向走 $m$ 步, 沿竖直方向走 $n$ 步. 至于具体走法, 可以在图式上应用两个字母 $a$ 和 $b$ 来描述, $a$ 表示沿水平方向走一步, $b$ 表示沿竖直方向走一步.

显然, 在 $m+n$ 个位子中, 以 $m$ 个放置字母 $a$ (余下

的 $n$ 个放 $b$），总共有 $C_{m+n}^m = \dfrac{(m+n)!}{m! \; n!}$ 种不同的方法.

所以方程 ⑨ 在条件 ⑧ 之下的解为函数

$$U_{x,y} = \frac{(x+y)!}{x! \; y!} \qquad \text{⑩}$$

### 2.6.3 蜘蛛问题

**位于坐标原点的一只蜘蛛，可以用多少种方法（沿最短路线）走到空间格点**[①]$(k,l,m)$ **上去**（每个空间格点，通过平行于坐标轴的线段与 6 个相邻的格点相连），这是象棋车问题的自然推广.

如果以 $U_{x,y,z}$ 表示到达点 $(x,y,z)$ 的方法数，那么对任意自然数 $x,y,z$，有

$$U_{x,y,z} = U_{x-1,y,z} + U_{x,y-1,z} + U_{x,y,z-1} \qquad \text{⑪}$$

这三个整自变量的未知函数的差分方程，应附加条件

$$\begin{cases} U_{x,y,0} = \dfrac{(x+y)!}{x! \; y!} \\[2mm] U_{x,0,z} = \dfrac{(x+z)!}{x! \; z!} \\[2mm] U_{0,y,z} = \dfrac{(y+z)!}{y! \; z!} \end{cases} \qquad \text{⑫}$$

这些条件可由前一问题的解推知.

蜘蛛由交叉点 $(0,0,0)$ 走到交叉点 $(k,l,m)$ 的具体路线，都可以通过字母 $x,y,z$ 的相继出现来描述，因而 $U_{k,l,m}$ 将等于 $k+l+m$ 个位子放上 $k$ 个字母 $x$，$l$ 个字母 $y$，$m$ 个字母 $z$ 的方法数.

---

① 空间中坐标为整数的点称为空间格点.

但前面已知,由 $k+l+m$ 个位子取 $k$ 个放字母 $x$ 的方法数为 $\dfrac{(k+l+m)!}{k!\,(l+m)!}$,对 $x$ 的每一种放法,可以从 $l+m$ 个位子中取出 $l$ 个位子放字母 $y$,因而又对应 $\dfrac{(l+m)!}{l!\,m!}$ 种方法,于是放置 $x,y$ 的方法总数为

$$\frac{(k+l+m)!}{k!\,(l+m)!} \cdot \frac{(l+m)!}{l!\,m!} = \frac{(k+l+m)!}{k!\,l!\,m!}$$

这样,方程 ⑪ 在边界条件 ⑫ 之下的解为函数

$$U_{x,y,z} = \frac{(x+y+z)!}{x!\,y!\,z!}$$

### 2.6.4  多维问题

蜘蛛问题可以推广到四维格点上去. 要得到四维格点,只要在三维坐标系中,再加上一个"第四轴"$Ou$,并标上 1 个,2 个,3 个,$\cdots\cdots$ 单位就行了. $Ou$ 的方向不必垂直于轴 $Ox$,$Oy$,$Oz$(因为只有在四维空间才办得到). 每个四维格点由四个整数(坐标)来表示. 应用几何术语,通常把 $m$ 个数的有序组:$a_1,a_2,\cdots,a_m$ 看作一个"$m$ 维空间"中点的坐标. 如果 $a_1,a_2,\cdots,a_m$ 都是非负整数,又把与一个格点只有一个坐标相差一个单位,而其他坐标与它对应相同的点称为它的邻点,那么若 $a_1+a_2+\cdots+a_m=n$,由格点 $O(0,0,\cdots,0)$ 走到格点 $A(a_1,a_2,\cdots,a_m)$ 就需要 $n$ 步(每步由一个点到它的一个邻点).

如果每一步只增加第一坐标,或第二坐标,$\cdots\cdots$,那么分别以字母 $x_1,x_2,\cdots$,表示,那么由格点 $O(0,0,\cdots,0)$ 走到格点 $A(a_1,a_2,\cdots,a_m)$ 的方法数将等于 $n$ 个元素

69

$$\underbrace{x_1,x_1,\cdots,x_1}_{a_1\text{个}};\underbrace{x_2,x_2,\cdots,x_2}_{a_2\text{个}};\cdots;\underbrace{x_m,x_m,\cdots,x_m}_{a_m\text{个}}$$

的有重复的排列数. 重复前面蜘蛛问题中的推理过程,可以证明这数等于$\dfrac{n!}{a_1!\ a_2!\ \cdots a_m!}$ $^{(41)}$.

下面举一个装水桶的例子:编号为 $1,2,3,\cdots,m-1,m$ 的水桶,其容积分别为 $a_1,a_2,\cdots,a_m$ 小桶;现在用小桶提水往这 $m$ 个大桶里倒,约定往每个大桶里只倒整小桶,问要装满 $m$ 个桶,有多少种方法?

方法数显然等于 $\dfrac{(a_1+a_2+\cdots+a_m)!}{a_1!\ a_2!\ \cdots a_m!}$.

### 2.6.5　象棋王问题

**象棋中的王可以用多少种方法由格$(0,0)$移到格$(k,l)$,如果它只能沿着一个坐标增加1或两个坐标格各增加1("对角步")的方向移动?**

以 $w_{k,l}$ 表示要求的方法数,如果我们移动王走了 $s$ 个对角步(显然 $s\leqslant k,l$),那么还要走的水平步数等于 $k-s$,竖直步数等于 $l-s$,总步数等于 $k+l-s$. 而包含 $s$ 个对角步的走法总数为 $\dfrac{(k+l-s)!}{(k-s)!\ (l-s)!\ s!}$(试通过计算 $k-s$ 个字母 $a$,$l-s$ 个字母 $b$,$s$ 个字母 $c$ 的排列数来加以验证). 因此,对于 $k\leqslant l$,有

$$w_{k,l}=\frac{(k+l)!}{k!\ l!}+\frac{(k+l-1)!}{(k-1)!\ (l-1)!\ 1!}+\cdots+$$

$$\frac{l!}{0!\ (l-k)!\ k!} \qquad ⑬$$

其中第 1 项表示达到格$(k,l)$不走对角步的方法数,第 2 项为走一个对角步的方法数,等等.

建议读者按显然的等式

$$w_{x,y} = w_{w,y-1} + w_{x-1,y} + w_{x-1,y-1} \qquad ⑭$$

在条件

$$w_{x,0} = w_{0,y} = 1 \qquad ⑮$$

之下算出函数 $w_{x,y}$ 的值表,把它填在棋盘格里,并检验按公式 ⑬ 计算的结果.

也可以对问题的条件进行一些改动,以求出王以**最少步数**由某个具体的格(例如格 $e1$)走到棋盘上另一格的方法数.

把棋盘划分为区域,王一步能走到的格算作第 1 区域,两步能走到的格算作第 2 区域,等等(图 2.14). 例如,设前三个区域中的格的解数是已知的(即填在方格中的数),因为到第 4 区域的格 $f5$ 只能来自第 3 区域的格 $e4,f4,g4$,而到这些格的方法数分别为 $7,6$ 和 $3$,所以王走到格 $f5$ 可以有 $16(=7+6+3)$ 种方法.

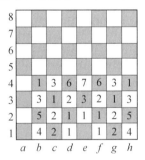

图 2.14

显然,到格 $g5$ 有 $10(=3+6+1)$ 种方法,到格 $h5$ 有 $4(=3+1)$ 种方法,等等. 再计算一下第 $4,5$ 区域中的若干格即可知,例如到格 $a2,a7,c8,d8$ 的方法数分别为 $12,20,266$ 和 $357$.

71

### 2.6.6 杂题

有很多类似问题,对未知函数难于或不能构成差分方程.例如,若把象棋王代之以马[①],或者在车步及蜘蛛问题中,通过竖立屏障或掐断空间格点连接物的办法,禁止某些步,都可能发生这种情形.

在图 2.15 上,粗体数字所示的格,属于无限棋盘上象棋马问题的前两个区域,而细小的数字(下角标的数字)表示由 $A$ 格出发的马有几种方法落在该格.显然,属于第 3 区域的是这样一些未填数字的格,由第 2 区域的格出发的马一步可走入这些格中.例如,格 $B$ 属于第 3 区域,因为它与第 2 区域的五个格(以黑线框住的)以马步相联系,所以马由 $A$ 可以用 $9(=1+2+2+2+2)$ 种方法走入格 $B$.

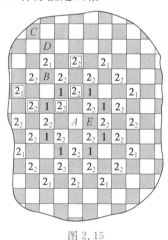

图 2.15

---

[①] 象棋马步是指水平(竖直)坐标变化 1,同时竖直(水平)坐标变化 2 的步.

　　类似可以求出,马走到第 3 区域的格 $C,D$ 和 $E$,分别有 1 种、6 种和 12 种方法.

　　我们确信,在图 2.16 所示的带屏障的车步问题中,由 $A$ 出发,到达由四个格组成的第 12 类区域的每一格,将有 8 种走法[42].

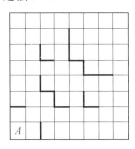

图 2.16

　　关于象棋王和蜘蛛可提出类似问题,且可以任意选取禁止步的集合,对此,也可使"$k$ 类区域"具有某种巧妙的形式.

　　容易证明,关于象棋马问题的第 5 类区域、第 6 类区域等均有很规则的形状,而且当 $k \geqslant 5$ 时,对第 $k$ 类区域的格数 $N_k$,公式

$$N_k = 120 + 28(n - 5)$$

成立.

　　试考虑如下问题:

　　(1) 在无限棋盘上,象棋王可以用多少种方法以 4 步走入 4 类区域[43]?

　　(2) 在象棋盘第二条线上的 2 个(3 个,4 个)卒子,可以用多少种方法走到第八条线[44]?(可以用不同的方法交替走各个卒子,也可规定每个卒子可以或不可以在第一步连走两格)

（3）你能否求得象棋马问题的一般解？即确定（至少对 $k \geqslant 5$）在无限棋盘上由所占的格到各个格的方法数的关系式.

在"$p,q-$马"问题中,对于不同的 $p,q$ 值,也可以提出类似问题.而在"$p,q-$马"问题中所谓一步,是指一个坐标变化 $p$ 个单位,另一坐标变化 $q$ 个单位.

## 2.7 幻 方

所谓"$n^2-$幻方"($n^2$ 格幻方或 $n$ 阶幻方),是将一个正方形分成 $n^2$ 个格,并填上前 $n^2$ 个自然数,使得任意行、列和对角线上的自然数之和都等于同一个数 $S_n = \dfrac{n(n^2+1)}{2}$.如果只是放在任意行、列上的数之和相同,那么叫**半幻方**.图 2.17(a) 画的幻方叫作杜勒幻方,多列尔是 16 世纪的数学家和艺术家,这幻方就画在他的名画《忧郁》上.画作最下行中间的两数构成了 1514,是这幅画创作的年代.

| 16 | 3 | 2 | 13 |
|---|---|---|---|
| 5 | 10 | 11 | 8 |
| 0 | 6 | 7 | 12 |
| 4 | 15 | 14 | 1 |

(a)

(b)

(c)

图 2.17

对于 $n=3$ 的幻方很容易研究.事实上,$S_3 = \dfrac{3(3^2+1)}{2}=15$,而只有 8 种方法把 15 表示成不同(从 1 到 9 中的)三数和的形式,即

$$15 = 1 + 5 + 9 = 1 + 6 + 8 = 2 + 4 + 9$$
$$= 2 + 5 + 8 = 2 + 6 + 7 = 3 + 4 + 8$$
$$= 3 + 5 + 7 = 4 + 5 + 6$$

我们发现,$1,3,7,9$ 诸数在其中各出现两次;$2,4,$ $6,8$ 各出现三次,而 5 出现四次.另一方面,共有八个三格列:横竖各三列,对角两列;过每个角的方格列各有 3,过中心的有 4,而过其余格的列有 2,因此,5 必放中心,$2,4,6,8$ 放在四角,$1,3,7,9$ 放在其余的格.

因为数 $2,4,6,8$ 只有 8 种方法排在对角线上,使得对角线上方格中的数之和等于 15,而对于它们的每一种排法,也就完全确定了数 $1,3,7,9$ 的位置,因此可以断定,只存在 8 种九格幻方,其中互相轴对称的两种画在图 2.17(b)(c)上.其他六种都可以由它们绕中心旋转 $90°,180°,270°$ 而得到.当 $n$ 增大时,具有 $n^2$ 格的不同幻方数 $N$ 将迅速增加,虽然到现在为止通过 $n$ 表示 $N$ 的一般公式尚未找到,但可以确信,16 格的不同幻方有 880 个,而对 $n = 7$,不同的幻方有亿个.

为了构造奇数阶的幻方,有属于不同作者的一系列方法.其中较为精致的一种是巴什的所谓"露台方法":把 $n^2$ 个数依次排在平行于原来正方形对角线的 $n$ 个斜列上(在图 2.18 中,$n = 5$),每个斜列上有 $n$ 个数,而正中间的一个数正好放在正方形中心.建议读者证明,把凸出在原正方形边界之外的部分("露台")平行移到内部对边上相应的地方,就构成一个幻方.应用镜面映射(轴对称变换)和旋转 $90°,180°$ 和 $270°$,由每个"巴什幻方"还可得到另外 7 个幻方.

为了构造偶数阶幻方,巴罗发现一种很方便的方法.我们把按关于直线 $BB',AA'$ 和正方形中心的对称来

调换 $\alpha$ 和 $\beta$，$\alpha$ 与 $\gamma$，$\alpha$ 与 $\delta$ 的位置(图 2.19(a))分别称为水平、竖直和中心对换(分别记为 $(\alpha,\beta)$，$(\alpha,\gamma)$ 和 $(\alpha,\delta)$).

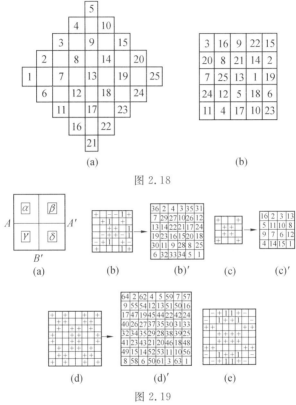

图 2.18

图 2.19

容易看出，分别调换了 $\alpha,\beta,\gamma,\delta$(它们是以 $AA'$，$BB'$ 为对称轴的矩形的对角顶点)位置的两个中心对换 $(\alpha,\delta)$ 和 $(\beta,\gamma)$，等价于两个水平对称 $(\alpha,\beta)$，$(\gamma,\delta)$ 和两个竖直对换 $(\alpha,\gamma)$，$(\beta,\delta)$，且可以互相产生.

如果把 1 至 $4m^2$ 这些自然数填写在具有 $(2m)^2$ 个方格的正方形中，按照自然顺序(从左至右，先填第一行，然后是第二行、第三行等)，那么容易证明：

（1）两条对角线满足幻方条件，即每条对角线上诸数之和为 $m(m^2+1)$.

（2）处在关于直线 $BB'(AA')$ 对称位置上的两竖（横）列，如果在其中进行 $m$ 次某种水平（竖直）对换，那么将会满足幻方的条件.

巴罗方法的实质在于选择这样的对换，使得在执行了它们之后，全部的行和列都满足幻方的条件，而每一对角线上的元素仍保持在同一对角线上（当然可能交换两格中的元素）.

我们约定，在关于 $BB'(AA')$ 对称的两个方格中画一横（竖）道，以指出对这两个方格中的数进行了一次水平（竖直）对换，而在矩形（以原正方形中心为中心的矩形）顶点上的"＋"字，表示对这些格中的数进行两次对角（中心）对换（前已指出，它可以由两次水平和两次竖直对换生成）.

图 2.19 的 (b)(c)(d)（对 $m=3,2,4$）给出了变换的图式，在完成这些变换以后，相应的"自然"排列的"$4m^2-$ 正方形"（它们未画在图上）就变成了图 2.19(b)$'$(c)$'$(d)$'$ 所示的正方形.

因为在这种情况下，任意对角线上的数仍保持在同一对角线上，而任一横行和竖行上都有 $m$ 个数同与它对称的数交换了位置，因而图 2.19(b)$'$(c)$'$(d)$'$ 确是幻方.

建议读者试做若干例子，求出其导致幻方的变换图式，即可确信，这样不会有太大的困难. 而且，一般说来，对给定的 $m$，可以用多种方法实现.

应当指出，当 $m$ 为奇数时，构造把自然排列正方形变换为幻方的图式比 $m$ 为偶数的情况简单，因为在后者,除了"+"以外,还难免要包含一些横道、竖道.对于偶数 $m$,图式也可能纯由"+"号构成(图 2.19(d)),但这并非必要条件,如图 2.19(e)所示.

我们对"$n^2$－幻方"概念可以做一些推广,比如,在格中可以填数 $K+1$ 到 $K+n^2$.还可以求满足各种附加条件的幻方,例如,早在 1544 年史基菲尔就构造了一个"$7^2$－幻方",当去掉所有边格时,就给出一个"$5^2$－幻方",这时格中的自然数是 $13 \sim 37$,再去一次边格,即得"$3^3$－幻方",格中数为 $21 \sim 29$(图 2.20(a)).

图 2.20(b)上画的是"超幻方",即若把同样的一个幻方靠在它右边,那么沿所有"对角线方向"求得的和均相等.

| 40 | 1 | 2 | 3 | 42 | 41 | 46 |
|----|----|----|----|----|----|----|
| 38 | 31 | 13 | 14 | 32 | 35 | 12 |
| 39 | 30 | 26 | 21 | 28 | 20 | 11 |
| 43 | 33 | 27 | 25 | 23 | 17 | 7 |
| 6 | 16 | 22 | 29 | 24 | 34 | 44 |
| 5 | 15 | 37 | 36 | 18 | 19 | 45 |
| 4 | 49 | 48 | 47 | 8 | 9 | 10 |

(a)

| 2 | 9 | 11 | 18 | 25 | 2 | 9 | 11 | 18 | 25 |
|----|----|----|----|----|----|----|----|----|----|
| 16 | 23 | 5 | 7 | 14 | 16 | 23 | 5 | 7 | 14 |
| 10 | 12 | 19 | 21 | 3 | 10 | 12 | 19 | 21 | 3 |
| 24 | 1 | 8 | 15 | 17 | 24 | 1 | 8 | 15 | 17 |
| 13 | 20 | 22 | 4 | 6 | 13 | 20 | 22 | 4 | 6 |

(b)

图 2.20

也可以构造一个"$9^2$－幻方",它能分解为 9 个"$3^2$－幻方".

可类似构造"$n^3$－立体幻方",在它的格中填入前 $n^3$ 个自然数(或由 $K+1$ 到 $K+n^3$),使得平行于某一棱的 $3n^2$ 列中任一列上各数之和以及对角线上各数之和全相等.

还可引入矩形幻方的概念,其短列的和、对角线方向的和,可以有别于长列上各数之和.

在图 2.21 上,画的是六角幻方(图 2.21(a))和星形幻方(图 2.21(b)(c)),其中任一条直线上各数之和都相等.在图 2.21(d)上,画的是正二十面体的"中心投影"(画在了一个圆的内部).如果:① 排在二十面体各面的诸角顶上各数之和($19+2+11+8+25,11+8+17+5+24,\cdots$),② 各虚线上的数之和,③ 圆上各数之和均相等,那么这 19 个和都等于 65.

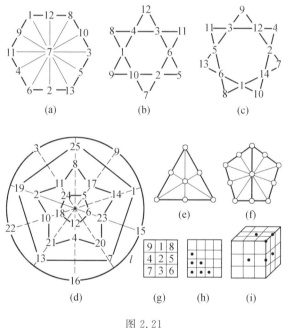

图 2.21

试深入思考下列问题:

(1)可否建立类似于六角幻方(图 2.21(a))的三角及五角幻方,如同图 2.21(e)(f)所示,用的数分别

为 $1 \sim 7$ 和 $1 \sim 11$? $^{(45)}$

(2) 在星形(图 2.21(b))上,不仅每边上的四数之和为 26,而且在各菱形顶点上的四数和(如 $12 + 1 + 7 + 6$ 等)以及星形顶点的"紧邻"的五点上的五数和(如 $3 + 4 + 8 + 1 + 10$ 等)也等于同样的数.

你能否用实质上不同的方法将 $1 \sim 12$ 排在同一图式上,使所指出的 15 组数中,每组数的和仍是 26?

(3) 把从 1 到 9 诸数排在"$3^2 -$正方形"的格子中,使得各由三个加数组成的四个"拐角和"均等于同一数 $S$. 例如,在图 2.21(g) 的正方形中,有

$$S = 14 = 4 + 7 + 3 = 3 + 6 + 5$$
$$= 5 + 8 + 1 = 1 + 9 + 4$$

这个问题的实质是不同的解数 $n$ 与 $S$ 的关系,如表 2.3 所示.

表 2.3

| $S$ | 12 | 13 | 14 | 15 | 16 | 17 | 18 |
|---|---|---|---|---|---|---|---|
| $n$ | 3 | 6 | 10 | 9 | 10 | 6 | 3 |

当 $S < 12$ 和 $S > 18$ 时,问题无解.

结合镜面映射和旋转 $90°, 180°, 270°$,由如上 47 个实质上不同的解的每一个,又可得到非实质不同的 7 个解.

试研究"$4^2 -$正方形"(图 2.21(h))和"$3^3 -$立方体"(图 2.21(i))上的类似问题,其中标出的格表明了"拐角和"应包含的加顶.

## 2.8  欧 拉 方

如果在"$n^2 -$正方形"的格中放上 $n$ 个"第一类元素":$a_1, a_2, \cdots, a_n$ 和 $n$ 个"第二类元素":$b_1, b_2, \cdots,$

$b_n$(其中每个出现 $n$ 次),使得:

(1) 在正方形的每格中,均有每类一个元素.

(2) 第一类每个元素与且只与第二类每个元素结合一次.

(3) 正方形每行每列均有第一类每个元素和第二类每个元素.

那么,就得到一个所谓的**欧拉方**.如果正方形对角线也有性质(3),就叫作**对角欧拉方**.

在图 2.22 中,画出了 $n=3,4,5$ 时的欧拉方,而在格中只填上了两类元素的下标.

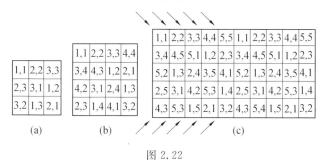

图 2.22

图 2.22(b) 的欧拉方也是对角的,而图 2.22(c) 还具有这样的性质:如果在它右边并上同一个欧拉方,那么在箭头所指出的十条"对角线"的任一条上,均会遇到每类的全部元素,这种正方形取名为**全对角欧拉方**.

构造**欧拉方**的问题也可以用另一种方式简述为:设 $n^2$ 个元素每个都具有这样的属性,即每个都属于 $n$ 组之一,也属于 $n$ 类之一,并且任何两个元素或不同组,或不同类,或两者都不同.要求把这些元素排在"$n^2-$ 正方形"中,而以各行的各列表示全部的组和类.

对于 $n=4$，可以取 16 张扑克牌，包括四种图样，四种花色. 而对于 $n>4$，可取 $n^2$ 张硬纸片，画上 $n$ 种不同的图形（正方形、三角形、圆等），且染上几种不同颜色. 欧拉曾试图解决 36 个军官问题[①]而没有成功，后来塔利证明这问题无解，即不可能构造 $n=6$ 的欧拉方.

把填在欧拉方的格中的每个数减少 1，然后把数偶看成 $n$ 进制下的数，那么由任意欧拉方即可得到一个半幻方，而由对角欧拉方可得到幻方. 建议读者用这种方法由图 2.22(c) 的全对角欧拉方求出一个"$5^2$—超幻方".

一个欧拉方可看作两个**拉丁方**的结合，而所谓拉丁方是指：在一个正方形中，排列 $n$ 元素（每个出现 $n$ 次），使得每行每列都有每个元素出现. 但为了将两个拉丁方结合成欧拉方，必须使一个拉丁方中的每个元素均与第二个拉丁方中 $n$ 个元素的每一个相结合.

## 2.9　多米诺游戏

我们知道，28 张多米诺骨牌的每一张都分成两半，上面刻的点数是重复出现的 0,1,2,3,4,5,6 的组合. 一张骨牌，两半分别刻了点 $k$ 和 $l$，记为 $(k,l)$.

把骨牌按"同点相接"的方法逐个接起来，就形成了一条"链". 两端点数相同的链首尾相接，可得闭链；将由 $m$ 张骨牌组成的闭链由某处断开，又得开链.

---

① 能否将来自 6 个团队和各有 6 种军衔的 36 个军官排成 6×6 方队，使每行每列都有每种军衔和每个团队的一个军官？

可以研究"广义多米诺骨牌",这只要在其两端刻的点数为重复的 $0,1,2,\cdots,n-1,n$ 的组合.

试解下列问题:

(1) 证明[46],广义多米诺骨牌数和全部骨牌上点数的和分别为 $\dfrac{(n+1)(n+2)}{2}$ 及 $\dfrac{n(n+1)(n+2)}{2}$.

(2) 证明[47],对于偶数 $n$,如果从全套骨牌中抽去 $(a,b)$,$a\neq b$,那么余下的骨牌只能接成以点 $a$ 和点 $b$ 为端点的开链.

(3) 证明[48],当 $n$ 为奇数时,全套骨牌不可能排成一个链,而一条链最长能包含不超过 $\dfrac{n^2+2n+2}{2}$ 张骨牌.

(4) 试把 28 张多米诺骨牌分给四个参加博弈的人,使得直到博弈完毕,每次第一人接完牌以后,第二、三人都无法出牌与之相接[49].

(5) 如图 2.23,可以分为 14 个方块,每一方块由相同的四个数组成.改变一下数:0,1,2,3,4,5,6 在其中的地位,且使用关于图形竖直轴的镜面映射,那么可得 10080($=2\times7!$)种非本质上不同的图形(包括已给的这一种).

你能否排出一种图形,这图形可以用本质上不同的方法分成 14 个正方形,而每个正方形由相同的四个数组成?

(6) 在图 2.24 中,多米诺骨牌是这样排列的,使得只要设想抛去最右边的一列 0,我们即可得"$7^2$ — 正方形",其中任一条对角线,任一横行、竖列上的点数之和都等于 24.

你能否对广义多米诺骨牌构造一个类似的

"$(n-1)^2-$正方形"?

| | | | | | | | |
|---|---|---|---|---|---|---|---|
| 3 | 3 | 6 | 6 | 5 | 5 | 2 | 2 |
| 3 | 3 | 6 | 6 | 5 | 5 | 2 | 2 |
| 0 | 0 | 4 | 4 | 6 | 6 | | |
| 0 | 0 | 4 | 4 | 6 | 6 | | |
| 5 | 5 | 4 | 4 | 1 | 1 | | |
| 5 | 5 | 4 | 4 | 1 | 1 | | |
| 1 | 1 | 3 | 3 | 2 | 2 | 0 | 0 |
| 1 | 1 | 3 | 3 | 2 | 2 | 0 | 0 |

图 2.23

| | | | | | | | |
|---|---|---|---|---|---|---|---|
| 1 | 5 | 0 | 4 | 5 | 5 | 4 | 0 |
| 6 | 5 | 2 | 2 | 3 | 3 | 3 | 0 |
| 3 | 1 | 6 | 6 | 2 | 3 | 3 | 0 |
| 3 | 5 | 2 | 4 | 4 | 4 | 2 | 0 |
| 6 | 2 | 6 | 1 | 2 | 1 | 6 | 0 |
| 1 | 1 | 4 | 6 | 2 | 5 | 5 | 0 |
| 4 | 5 | 4 | 1 | 6 | 3 | 1 | 0 |

图 2.24

## 2.10　排　　表

我们举几个排表问题. 这些表要涉及一些团体的成员, 有时还要满足一些附加条件.

(1) 将 13 个儿童排成圆形来做六道不同的习题. 可否这样来排, 使得每个儿童每次都有新邻居[①]?

我们用 $A$ 到 $N$ 的字母来表示儿童, 把字母 $A$ 放在一条封闭折线上, 这条折线的顶点将一个圆 12 等分 (图 2.25(a)), 而其余字母均匀地放在圆周上.

按图 2.25 所指的方向, 由 $A$ 出发走遍全折线, 然后, 把折线绕圆心沿逆时针方向分别旋转 $30°, 60°,$ $90°, 120°, 150°$($A$ 要一块转, 其余字母保持原位不动), 再重复上述方法, 就得到字母的六个排列:

① $ABCDEFGHIKLMNA$;

② $ADBFCHEKGMINLA$;

③ $AFDHBKCMENGLIA$;

① 这就是说, 每编排一次, 做一道题, 再重排一次, 做一道题, 所以要排 6 次, 要使这 6 次中, 任何两个儿童不相邻两次.

84

④$AHFKDMBNCLEIGA$；

⑤$AKIMFNDLBICGEA$；

⑥$AMKNHLFIDGBECA$.

其中任一字母总共与所有其他字母相邻了一次.

试证,这种方法对一般情形亦即 $2n+1$ 个儿童需做 $n$ 道习题,也是适用的.你有更简单的解法吗?

(2) 八名选手参加象棋比赛,试排竞赛表.

应用上题的类似解法:1 号放在圆心,其他七个号作为圆内接正七边形顶点构成一条折线(图 2.25(b)),粗线和细线连接的相邻号是两天竞赛的编组,先按粗线,把其两端的号编为一组,再按细线编:

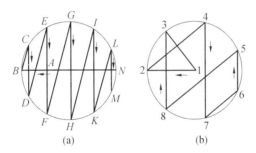

(a)        (b)

图 2.25

第一天:1,2;4,7;6,5;8,3;

第二天:3,1;2,4;7,6;5,8;

如按图 2.25(b) 所示方向走遍折线,且认为上面写出的各对号码的第一个使用红子,第二个使用黑子,那么在前两天比赛过程中,每个选手都用到了红子和黑子.按顺时针方向把折线绕圆心依次旋转 $\frac{4\pi}{7}$,$\frac{8\pi}{7}$ 及 $\frac{12\pi}{7}$ 弧度,而在最后一种情况仅用粗线,则容易排出其余五天的比赛表：

第三天：1,4；6,2；8,7；3,5；

第四天：5,1；4,6；2,8；7,3；

第五天：1,6；8,4；3,2；5,7；

第六天：7,1；6,8；4,3；2,5；

第七天：1,8；3,6；5,4；7,2.

上述方法对偶数 $n$（选手数）总是适用的；如果 $n$ 是奇数，只需引入一个虚拟选手（0 号），谁遇上虚拟选手，就空一天.

（3）15 个儿童为了做游戏，每天结成三人小组，试排出一星期的结组表，使得任何一个儿童每天都与新伙伴结组.

这问题是基克曼在 1850 年（以稍微不同的形式）提出来的，且立即引起了不少大数学家的注意.下面给出可能的解之一：

第 1 日：$a,b,c$；$d,e,f$；$g,h,i$；$j,k,l$；$m,n,o$；

第 2 日：$a,d,g$；$b,e,h$；$c,l,o$；$j,n,i$；$m,k,f$；

第 3 日：$a,j,m$；$b,k,h$；$c,f,i$；$d,h,o$；$g,e,l$；

第 4 日：$a,i,m$；$b,d,j$；$c,e,k$；$g,n,f$；$m,h,l$；

第 5 日：$a,f,l$；$b,g,m$；$c,h,n$；$d,i,k$；$j,e,o$；

第 6 日：$a,h,k$；$b,f,o$；$c,g,j$；$d,l,n$；$m,e,i$；

和 7 日：$a,e,n$；$b,i,l$；$c,d,m$；$g,k,o$；$j,h,f$.

有人解出了对于 $n = 5 \cdot 3^k$，$n = 3^k$，$n = 63(= 2^6 - 1)$ 和 $n = 255(= 2^8 - 1)$ 时的类似问题.

一个有趣的问题是对这基本问题及其变体寻求一种便于记忆的表，自己哪一天参加哪一组，一查便知.

20 世纪美国数学家西尔维斯特提出一个问题（看

来至今尚未解决），就是把由 15 人构成的所有可能的三人组（共 $C_{15}^3=455$ 个）分为 13 类，每类再分 7 小类，以给出基克曼问题的解．解这问题相当于排一个季度（13 周）的表，其中任何组合不许重复．

问题：把 $n^2$ 个中学生结为 $n$ 人组（对不同的 $n$ 值）以排成供 $n+1$ 天应用的表，但任何人每次都与未结过组的人结为一组．当 $n$ 为素数时，这问题有简单解法．

## 2.11　"约瑟夫问题"及其类似问题

设在圆周上排列了 $n$ 个元素，我们从第一个元素数起，每次到第 $k$ 个就"筛去"（如在纸上就划去，如为摆在桌上的物体就拿走）；然后沿圆周从下一元素起数剩下的元素，等等．

对此，可提出如下问题：

（1）怎样的元素将在第 $S(1\leqslant S\leqslant n)$ 次筛去？这问题当 $n=40$ 而 $k=3$ 时，据传说，历史学家弗拉维奥·约瑟夫解决了 $S=39$ 和 40 的情形，他曾找到了自己经过 38 次筛选以后"还剩下"的朋友．

（2）应怎样排列 $n$ 个元素，以便把它们按预定的顺序筛去？

为解决后一问题，只需取前 $n$ 个自然数来表示给定的元素，且由左到右轮回地数，把每次数到的第 $k$ 个数下面标以数字表示它在哪一次被筛去．然后继续数未标数字的数，直到最后，这等价于在圆周上的运动．

例如，我们应怎样排列 9 张同样花色的扑克牌，从上向下逐个移动，且每次抽出第四张放在桌子上，使得我们相继抽出"爱司（A）"到 6 所有的牌．

设开始时牌由上到下的编号是

1　2　3　4　5　6　7　8　9
(9)(8)(3)(1)(6)(5)(7)(2)(4)

自左向右轮回地数这些编号，每数到第四，就在下面画括号填上数字，以表示相应的轮回次数，但每次轮回数时，不要再管标了括号的数字（因为相应的牌已被抽掉）.

因为按要求第 1 次应拿走爱司，所以它应放在左起（上数）第 4 张，"老 K"应放在第 8 张，"Q"应放在第 3 张，……，最后，"小 6"应放在左起第 1 位，那么，牌的顺序应为："6""7""Q""A""9""10""8""K""J".

对于较大的 $n$ 值，特别是当我们只对第 $S$ 轮应筛去的元素的位置感兴趣时，有简单的方法，而且不必确定前面筛去元素的位置，即可求出. 以 $\{x\}$ 表示满足不等式 $\{x\} \geqslant x$ 的最小整数，而把数列

$$a_1 = \{a\}, a_2 = \{a_1 q\}, a_3 = \{a_2 q\}, \cdots, a_n = \{a_{n-1} q\}, \cdots$$

叫作以 $q$ 为公比的"整化项几何数列". 设元素总数为 $n$，每次筛去第 $k$ 个元素. 为了弄清第 $S$ 轮筛去元素的号码 $t$，只需构造一个"整化项几何数列"，其中 $a = k(n - S) + 1, q = \dfrac{k}{k-1}$. 若以 $A$ 表示这数列不超过 $nk$ 的最大项，则 $t = nk + 1 - A$.

例如，求九张牌例子中第五轮放在桌子上的牌的号码. 这里

$$n = 9, k = 4, S = 5, q = \frac{k}{k-1} = \frac{4}{3}, nk = 36$$

因此

$$a_1 = \{4(9 - 5) + 1\} = 17$$

$$a_2 = \left\{ 17 \times \frac{4}{3} \right\} = 23$$

$$a_3 = \left\{ 23 \times \frac{4}{3} \right\} = 31$$

$$a_4 = \left\{ 31 \times \frac{4}{3} \right\} = 42 > nk$$

所以 $A=31, t=36+1-31=6$. 即第五轮放在桌子上的是第 6 张牌"10".

试解下列问题：

（1）试用两种方法证明[50]，在约瑟夫问题（$n=40, k=3$）中，约瑟夫和他的朋友分别占第 13 位和 28 位，而恰各在倒数第二轮和最后被"筛去".

（2）把 36 张扑克牌这样排列，使得每移动 5 张牌到全副牌下面去以后，出现的第六张牌是依次按大小排列的，而且首先出现的第一种花色，然后是第二种、第三种，最后为第四种[51].

试建立整化几何数列，并确定何处应放第三花色的爱司（这里 $S=19$），第四花色的 J（$S=31$），第二花色的 8（$S=17$）？

## 2.12　同物体移动有关的游戏

四个黑子、四个白子在直线上相间排列，着法为：可以把任意两个相邻棋子（不变位置也不拆开）沿直线平移到新的位置. 目的是走四步，使四个黑子全移到左边而四个白子全移到右边，其解决如 2.26 所示.

这问题推广如下：有 $K$ 种棋子，每种 $S$ 个，试问对怎样的 $K$ 和 $S$ 值，可以通过一系列的移动步，由排列（1）导致排列（2）（图 2.27）.

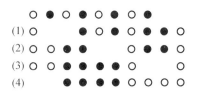

图 2.26

$$(1) \;①② \; \cdots \; Ⓚ①② \quad \cdots \quad Ⓚ \qquad \qquad ①② \cdots Ⓚ$$
$$(2) \;①① \cdots ①②② \cdots ②③③ \cdots ③ \qquad \qquad ⓀⓀ \cdots Ⓚ$$

图 2.27

可以讨论不是移动两个而是移动三个并排棋子作为一步的情况. 对此,可以限定移成新的位置,相反的位置,或按相反的顺序排列等.

### 2.12.1 柳克问题

棋子排列如图 2.28 所示. 要求将黑、白棋子全部交换位置,但限定白子只能向右移,黑子只能向左移,且任何棋子或移到与它相邻的空格,或移到只隔着异色棋子的最近的空格.

图 2.28

通过分析和去掉导致无解的走法,可得如下解法:白黑黑白白黑黑黑黑白白白白白黑黑黑黑黑白白白白黑黑黑黑白白白黑黑白,这里"白""黑"指出了依次移动的子.

### 2.12.2 钱币集组

八个钱币排成一列. 要求移动四个钱币,而得到

四组且每组为两个叠合的钱币,但每次所移动的钱币只能与和它相隔两个(摆开的或重叠的)钱币的钱币相叠合.

几乎显然的解法是:把第五个重于第二个,然后是第三个重第七个,第四个重第一个,最后,第六个重第八个(图 2.29).

①　②　③　④　⑤　⑥　⑦　⑧

(3) (1)　　　　　　(2) (4)
〇　〇　　　　　　〇　〇
1,4　2,5　　　　　7,3　8,6

图 2.29

试对于 $pn(p \geqslant 4)$ 个钱币求解类似问题,这里要把钱币分为 $p$ 组,每组 $n$ 个,但在移动钱币时,必须越过 $n$ 个与之相邻的(摆开或叠合的)钱币.

### 2.12.3　"鲁玛"游戏

有一种起源于印度的博弈,名叫"疏卡 - 鲁玛(Tschuka-Ruma)". 在稍有改变的形式下,可引述如下:

在一个圆板上钻 $2n+1$ 个孔,博弈开始前,一个圆孔空着(这个空孔叫鲁玛),而其他每个圆孔中放 $n$ 个小球(在图 2.30 中 $n=2$).博弈的目标是用一种方法把全部球集中到鲁玛中.而把某孔 $A$ 中的全部球按每孔一个分放到相邻的孔中(按顺时针方向移动)去称为**博弈的一步**.但如果向邻孔分放的球超过了 $2n$ 个,那么一个球留在 $A$ 中,其他球仍按每孔一个分放入邻孔.

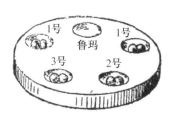

图 2.30

第一步可由任一孔做起.如果轮到哪一步(也包括第一步)最后一球放到了鲁玛中,那么下一步又可从任一孔(除了鲁玛)做起;否则,下一步就分配放了最后一个球的孔中的球,不过,需在放最后一球时该孔不空,反之,即若最后一球放入(除鲁玛以外的)空孔,就算输.

容易验证,对 $n=2$,第一步应从 3 号孔做起,因为在所有其他情况下,在做完第二步以后,我们将把最后一球放入空孔而输掉.通过试验知,应相继分放如下各号孔中的球:3,4,2,3,4,1,4,2,3,4.

当 $n=3$ 时,能够移到鲁玛中去的最大球数大概只有 15.对 $n=4$,问题有不少于 9 种不同解法.

建立这种博弈的理论或至少是研究其一系列特殊情形,是很有意义的.对每种情况都可以去寻求解法或确定能够移到鲁玛中去的最大球数.

可以考虑这种博弈的各种变形,如开始时每孔可放 $S(S\neq n)$ 个球,改变着法等.

### 2.12.4　多次重复同一运算

很多纸牌游戏的基本根据是把多次颠倒的物体排列恢复到原来位置.先介绍一些置换的简单性质.

设有 $n$ 个编了号的物体 $a_1,a_2,\cdots,a_n$,由其自然排

92

列导致排列 $a_{a_1}, a_{a_2}, \cdots, a_{a_n}$（$\alpha_1, \alpha_2, \cdots, \alpha_n$ 是 $1, 2, \cdots, n$ 的重排），可以通过所谓**置换** $A = \left(\begin{smallmatrix} 1 & 2 & 3 & \cdots & n-1 & n \\ a_1 & a_2 & a_3 & \cdots & a_{n-1} & a_n \end{smallmatrix}\right)$ 来描述，这表示 $\alpha_i$ 应代替 $A$ 中位于它上面的数 $i$. 为方便起见，常以 $1, 2, \cdots, n$ 来表示元素 $a_1, a_2, \cdots, a_n$.

例如，将置换 $A = \left(\begin{smallmatrix} 12345678 \\ 58637142 \end{smallmatrix}\right)$ 作用于排列 12345678，再将 $A$ 作用于由此得到的排列等，就给出

$$12345678 \xrightarrow{\ A\ } 58637142 \xrightarrow{\ A\ } 72164538 \xrightarrow{\ A\ } 48513762 \xrightarrow{\ A\ }$$
$$\text{(Ⅰ)} \qquad\qquad \text{(Ⅱ)} \qquad\qquad \text{(Ⅲ)} \qquad\qquad \text{(Ⅳ)}$$

$$32756418 \xrightarrow{\ A\ } 68471352 \xrightarrow{\ A\ } 12345678$$
$$\text{(Ⅴ)} \qquad\qquad \text{(Ⅵ)} \qquad\qquad \text{(Ⅰ)}$$

$$①$$

等价于相继进行置换 $C$ 和 $D$（先 $C$ 后 $D$）的置换，叫作两个置换 $C$ 和 $D$ 的**乘积**. 例如，若 $C = \left(\begin{smallmatrix} 12345 \\ 25413 \end{smallmatrix}\right)$，$D = \left(\begin{smallmatrix} 12345 \\ 54321 \end{smallmatrix}\right)$，那么 $CD = \left(\begin{smallmatrix} 12345 \\ 41253 \end{smallmatrix}\right)$. 事实上，在 $C$ 中 1 换为 2，在 $D$ 中 2 换为 4，因此在 $CD$ 中 1 换为 4，等等. 试验证 $DC = \left(\begin{smallmatrix} 12345 \\ 31452 \end{smallmatrix}\right)$，即 $DC \neq CD$. 易见，置换 $A^2 = AA = \left(\begin{smallmatrix} 12345678 \\ 72164538 \end{smallmatrix}\right)$ 将把 ① 中的排列（Ⅰ）变为（Ⅲ），把（Ⅱ）变为（Ⅳ），等等.

因为 6 次应用 $A$ 将由（Ⅰ）得到（Ⅰ），所以 $A^6 = \left(\begin{smallmatrix} 12345678 \\ 12345678 \end{smallmatrix}\right)$，即所有元素位置不变，这样的置换称为**恒等置换**，并以字母 $E$ 表示. 使 $B^S = E$ 成立的最小自然数 $S$ 叫作置换 $B$ 的阶，于是上述 $A$ 的阶等于 6.

为了迅速确定任意置换（特别是排列元素个数很多时）的阶，一种方便的方法是把它分解为"独立**循环**". 例如，容易看出，在置换 $A$ 中，元素 1 换为 5，5 换为 7，7 换为 4，4 换为 3，3 换为 6，6 换为 1（循环完成）. 换句话说，元素 1，5，7，4，3，6 相继被后面的元素所取代，而这又可表示为"循环置换"$\left(\begin{smallmatrix} 157436 \\ 574361 \end{smallmatrix}\right)$，而这又可改写为（157436）或（743615）等. 此外，在置换 $A$ 中，元素 2 换为 8，而 8 又换为 2，给出的循环（28）也叫作元素 2 与 8 的**对换**. 循环（157436）与（28）叫作**独立**的，因为它们

没有公共元.总之,$A$ 等于两个循环置换之积:$A = (157436)(28)$.

试验证,例如 $B = \left(\begin{smallmatrix}1&2&3&4&5&6&7&8&9&10\\9&2&4&1&8&10&5&7&3&6\end{smallmatrix}\right) = (1934)(2) \cdot (587)(610)$(这里有一个单项循环).

容易证明[52],置换的阶等于分解得到的各独立循环之阶的最小公倍数,例如置换 $A$ 的阶等于 6 与 2 的最小公倍数 6,$B$ 的阶等于 4,1,3,2 的最小公倍数 12.

由 ① 看出,一个置换 $A$ 确定了排列的一系列变换.反之,排列的一系列变换如果是按同一规则进行的,那么也就可以表示为同一置换 $M$[53].如已知 $M$ 的阶,就可以确定使元素恢复到原来位置的变换次数了.一个有趣的例子是蒙日洗牌.

### 2.12.5　蒙日洗牌

一种变动物体相对位置的名为**蒙日洗牌**的游戏,可用下面的例子说明:设有 $2n$ 个学生排成一列(图 2.31(a)),并"$1,2,\cdots$"报数,变为双列(图 2.31(b)),"转弯行进",使原来的左翼排头转到右边(按图 2.31(b)(c)所示)去,且左翼变右翼(在图 2.31 里 $n=5$,而学生排队面向我们).

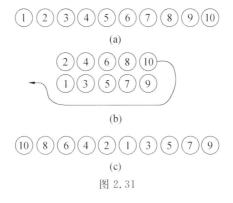

图 2.31

取一副 $2n$ 张纸牌,蒙日洗牌是这样实现的:全副牌正面朝下放在左手里,依次递向右手,但每次总是从上面取牌,递向右手则上一张、下一张地放,显然,这种递放方法可由如下置换来描述

$$M = \begin{pmatrix} 1 & 2 & \cdots & n-1 & n & n+1 & n+2 & \cdots & 2n-1 & 2n \\ 2n & 2n-2 & \cdots & 4 & 2 & 1 & 3 & \cdots & 2n-3 & 2n-1 \end{pmatrix}$$

对于

$$n = 1,2,3,4,5,6,7,8,9,10,11,12,13,\cdots$$

$M$ 的阶 $= S = 2,3,6,4,6,10,14,5,18,10,12,21,26,\cdots$

建议读者对不同的 $n$ 值计算相应的 $S$ 值,以检验上述式子,例如,对 $n=8$,有

$$M = \begin{pmatrix} 1 & 2 & 3 & 4 & 5 & 6 & 7 & 8 & 9 & 10 & 11 & 12 & 13 & 14 & 15 & 16 \\ 16 & 14 & 12 & 10 & 8 & 6 & 4 & 2 & 1 & 3 & 5 & 7 & 9 & 11 & 13 & 15 \end{pmatrix}$$

$M = (1\ 16\ 15\ 13\ 9)(2\ 14\ 11\ 5\ 8)(3\ 12\ 7\ 4\ 10)(6)$

即 $S=5$.

试验证(用纸牌或其他编号物体),蒙日洗牌连续进行 $S$ 次,将恢复到物体的初始排列.

也可以将 $n$ 个运动员排成横行,按图 2.31 所示的方法进行 $S$ 次队形变换,其结果将恢复到原先的排列顺序.

有如下定理:

**置换 $M$ 的阶等于同余式 $2^z \equiv -1(\bmod 4n+1)$ 的最小解,若这同余式无解,则等于同余式 $2^z \equiv 1(\bmod 4n+1)$ 的最小解.**

试对于不同的 $n$ 值检验这定理,例如对于 $n=8$,$4n+1=33$,计算 2 的各次幂,得 $2^5 \equiv -1(\bmod 33)$,即当 $n=8$ 时,$S=5$.

如果 $n=5$,那么 $4n+1=21$,考虑 2 的方幂:$2^4 \equiv -5(\bmod 21)$,$2^5 \equiv -10(\bmod 21)$,$2^6 \equiv -20 \equiv 1(\bmod 21)$,因此 $n=5$ 时,$M$ 的阶为 6.

# 平面几何游戏

## 3.1 绘制彩带的简单方法

谁能不赞赏雪花形状的精妙！谁能不赞赏那出自名手的图案和花边上的美妙花纹！在地毯和其他织物上,在由陶瓷花砖拼嵌的地板上,那种奇异的彩花,真是变幻多姿,五光十色！

但构造美丽的几何图案,谁都可以办到,只要有足够的耐心和迫切的想法？这一节和以下几节叙述的几何游戏,难易程度不同,但目的均在于得到美丽的花纹、图案、曲线等. 我们从最简单的开始.

### 3.1.1 方格纸上的花纹

在一张"方格"纸上,不难绘制各种奇巧的图形. 为此,不仅要沿着方格的边

96

描绘，而且可以沿正方形和矩形的对角线描绘（图3.1）.

图 3.1

类似地描绘也可以在三角形网格纸上进行，而这种网格很容易由"平行格"纸画出：设 $A$ 和 $B$ 为平行格纸同一条线上任意两点. 我们求一点 $C$，使 $AB = BC = AB$. 沿直线 $AC$ 把纸剪开，我们就得到一个自制的"尺"，它的边可以分出长为 $a$ 的区间；应用它来从另一页平行格纸的一条线上截得线段 $MN = na$（在图 3.2，3.3 里 $n = 5$），并等分为 $n$ 条长为 $a$ 的线段，作等边 $\triangle MNL$，过 $MN$ 的各分点作直线分别平行于边 $ML$ 和 $NL$.

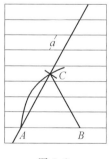

图 3.2

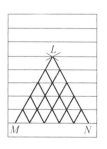

图 3.3

97

当在三角形网上绘制图案时,可以允许引三角形中位线,这相当于应用边长为 $\frac{a}{2}$ 的三角形网(图 3.4).

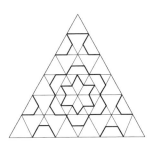

图 3.4

可以在正方形或三角形网上举行构图竞赛,看谁的图案和花纹绘制地精巧和富有独创性,色彩鲜艳,美观大方等(事先要规定尺寸,如 $12 \times 20$ 矩形格网,$10 \times 10$ 正方形格网,边为 $6a$ 的正三角形格网等).

### 3.1.2 应用规尺构图

应用圆规、直尺可绘制各种图形,最简便的是取一个圆,$n$ 等分圆周($n = 3, 4, 5, 6, 8, 10$ 作图不困难,$n = 7, 9, 11$,以及 $n = 5, 10$ 可用量角器),过分点引等弦,可得各种星形多边形.

如果以正多边形顶点和圆上的交叉点为心,画不同半径的圆(或圆弧),然后用线段联结部分点偶,即可得到独特的图形,如果恰当着色,将更加美丽动人.

除圆以外,也可以用其他图形如矩形、三角形等为"基础"图形(图 3.5,图 3.6).

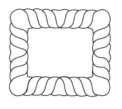

图 3.5　　　　　　　　　图 3.6

### 3.1.3　对称图形

如果直线 $l$ 是线段 $AA'$ 的中垂线,就说 $A$ 与 $A'$ 是关于直线 $l$ 对称的.一个平面图形叫作关于直线 $l$ 是**对称的**,如果对其上任意一点 $B$,可在其上找到关于 $l$ 的对称点 $B'$,则直线 $l$ 称为图形的**对称轴**.

图 $3.7 \sim 3.11$ 上的各图形,分别具有一条、两条、三条、四条和五条对称轴.

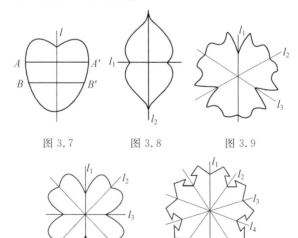

图 3.7　　　　　图 3.8　　　　　图 3.9

图 3.10　　　　　　图 3.11

99

有若干条对称轴的图形,可以这样用纸剪出:把一张薄纸折 $n$ 次,形成一个 $2n$ 层的"扇形",中心角为 $\dfrac{180^\circ}{n}$;如果展开某种曲线边界的扇形,那么打开纸后,就得到具有 $n$ 条对称轴的图形.如果用的是彩纸,那么得到有奇异花纹的彩色精致桌布图案.

如果把一个图形绕点 $O$ 旋转 $\dfrac{360^\circ}{n}$ 后仍与自己重合,那么我们称 $O$ 为给定图形的 **$n$ 阶对称中心**.例如,在图 $3.9,3.10,3.11$ 上,对称中心分别为 $3,4,5$ 阶.

为绘制具有 $n$ 阶对称中心的图形,可以使用硬纸板剪制的曲线"扇形"模板,其中心角为 $\dfrac{360^\circ}{n}$.在纸上由一点 $O$ 引 $n$ 条射线,每相邻两条成 $\dfrac{360^\circ}{n}$ 角,把模板依次放在每相邻两条射线间(使 $O'$ 与 $O$ 重合),用铅笔沿着"扇形"外边缘描出,即得类似于图 $3.12$ 的对称图形.

图 3.12

也可以取一个任意形状的模板,并按同样方式放置在上述每条射线上,例如使其上两点 $A,B$ 在射线上到 $O$ 有同样距离(图 3.13).

还有一种绘制对称图形的所谓**对折拓印法**,有时可以得到极精彩的单轴对称图形(图 3.14).

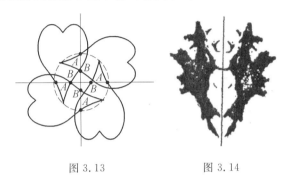

图 3.13　　　　　　　图 3.14

## 3.2　菱形构成的正多边形

由图 3.15 看出,七个边为 $a$,锐角顶角 $\alpha = \dfrac{2\pi}{7}$ 的菱形可构成七星形.如果在这七星形顶点间放第二层七个顶角为 $\beta = 2\alpha = \dfrac{4\pi}{7}$ 的菱形,在这新星形的凹凸再放七个顶角为 $\gamma = 3\alpha = \dfrac{6\pi}{7}$ 的菱形,即得边为 $a$ 的正十四边形.对由八个顶角为 $\alpha' = \dfrac{2\pi}{8}$ 的菱形构成的八星形(图 3.16),第二层放上去的将是正方形($\beta' = 2\alpha' = \dfrac{\pi}{2}$),第三层放的又是与中心放的一样的菱形,这三层构成了边长为 $2a$ 的正八边形.

101

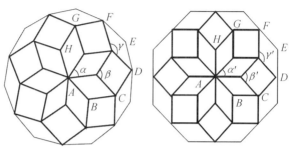

图 3.15　　　　　　　图 3.16

试证,如果 $\alpha = \dfrac{2\pi}{m}$,而 $m(m \geqslant 3)$ 为奇数,那么 $\dfrac{m-1}{2}$ 层菱形就构成边长为 $a$ 的正 $2m$ 边形;如 $m(m \geqslant 4)$ 为偶数,那么 $\dfrac{m}{2} - 1$ 层菱形构成边长为 $2a$ 的正 $m$ 边形[54].因为每层有 $m$ 个菱形,由此推出,对于任意奇数 $m$,边为 $b$ 的正 $2m$ 边形可以分为 $2m(m-1)$ 个边为 $\dfrac{b}{2}$ 的菱形或 $\dfrac{m(m-1)}{2}$ 个边为 $b$ 的菱形(例如,在图 3.17 和 3.18 中,$m = 5$).

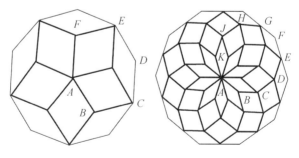

图 3.17　　　　　　　图 3.18

将边为 $2a$ 的正 $2m$ 边形分为边为 $a$ 的菱形的方法是:将"小的"边为 $a$ 的正 $2m$ 边形,绕其一个顶点(位于大正

$2m$ 边形中心的）依次旋转角 $\dfrac{\pi}{m}$, $2\dfrac{\pi}{m}$, $\cdots$, $(2m-1)\dfrac{\pi}{m}$（图 3.16，图 3.18 的 $ABCDEFGH$ 和 $ABCDEFGHJK$）. 这时，被旋转的"小" $2m$ 边形也由同样的菱形构成，不过每种菱形数是构成大 $2m$ 边形菱形数的 $\dfrac{1}{4}$.

同样，分边为 $a$ 的正 $2m$ 边形为边长相同的菱形（$m$ 为奇数），也可通过旋转边为 $a$ 的等边 $m+1$ 边形而得到，这个多边形有两个相对的角为 $\dfrac{\pi}{m}(m-1)$，其他 $m-1$ 个角为 $\dfrac{\pi}{m}(m-2)$，旋转要围绕 $\dfrac{\pi}{m}(m-1)$ 的角顶（放在中心），依次转 $\dfrac{2\pi}{m}$, $2\times\dfrac{2\pi}{m}$, $\cdots$, $(m-1)\dfrac{2\pi}{m}$ 弧度（例如，图 3.15 为八边形 $ABCDEFGH$ 分十四边形，图 3.17 为六边形 $ABCDEF$ 分十边形）.

对于奇数 $m$，为了最终能得到边 $2a$ 的正 $m$ 边形，其中心图形不能取由 $m$ 个菱形构成的星形，而只能取顶角为 $\alpha=\dfrac{\pi}{m}$ 的正 $m$ 角星，其"凹凸"角 $\beta=3\alpha=\dfrac{3\pi}{m}$，"凹凸"深 $AB=a$（在图 3.19，图 3.20 中，相应的 $m=7$ 和 11）. 试证明，像这样的多边形加上 $\dfrac{m-3}{2}$ 层菱形必可以得到边为 $2a$ 的正 $m$ 边形[55]. 反之，要把一个 $m$ 边形分为菱形和在中心的星形多边形，也可以通过将 $m$ 边的"小"（开口）正多边形（如图 3.19 上的 $ABCDEFG$ 或图 3.20 上的 $ABCDEFGHJKL$）围绕星形中心依次旋转角 $\dfrac{2\pi}{m}$ 而得到.

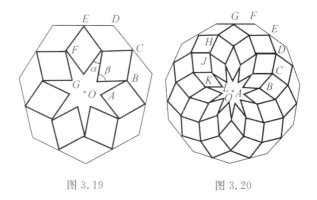

图 3.19                    图 3.20

## 3.3    由给定的图形拼图

### 3.3.1    拼图

有一种叫作"拼图"的游戏,是由给定的一套杂色板块拼砌不同的图形.通常一套板块中包含有正方形、菱形、等腰直角三角形等(图 3.21).

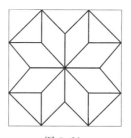

图 3.21

在简单情况下,可以按附带的游戏图拼放,但也可以自行寻求新的图样,且可用部分板块.

自然,板块中还可以有一般等腰三角形、平行四边形、正多边形等;剪制的材料可用彩色油光纸、玻璃或透明塑料,这时,还可容许互相叠合.

### 3.3.2　裁方拼图

有趣的游戏:把正方形按图 3.22(a) 所示样式,裁为 7 块.

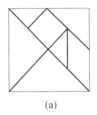
(a)

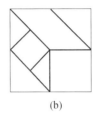
(b)

图 3.22

在图 3.23 中,列举了一些对称图形,试用图 3.22(a) 中正方形裁出的各部分拼出这些图形.应用这些部分还可拼出很多其他图形(例如,表现各种物体、动物等).可是,若按图 3.22(b) 所示对正方形进行剪裁,构图变化要少一些.

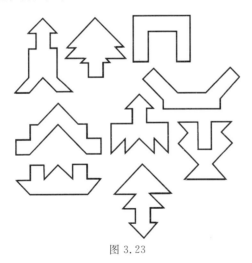

图 3.23

可以应用这些部分举行拼图比赛,谁先拼出了他的"对手"指定的图形,就算优胜者.

你能否用另外的方法把正方形分为七块,以使之能拼成各式各样的对称图形?

### 3.3.3　方块拼矩形

近 20 年来在一些数学杂志的封底页上,出现了一些文章阐述由成套的两两不同的正方形拼成矩形的问题.

已经弄清,如 $n < 9$,$n$ 个不同的正方形是不能拼成矩形的. 对 $n = 9$,问题有两个解:一个是边长比等于 1:4:7:8:9:10:14:15:18 的正方形组(图 3.24),一个是边长比等于 2:5:7:9:16:25:28:33:36 的正方形组,皆可拼成矩形. 试应用边长比为 3:11:12:23:34:35:38:41:44:45 的 10 个正方形和边长比等于 1:4:5:9:14:19:33:52:56:69:70:71:72 的 13 个正方形各拼成一个矩形[56](最好先弄清拼成的矩形的边长比).

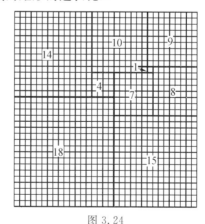

图 3.24

能拼成一个大正方形的不同正方形的最少个数是 26.试应用边长比为 1:11:41:42:43:44:85:168:172:183:194:205:209:5:7:20:27:34:61:95:108:113:118:123:136:231 的正方形,拼成一个大正方形,且前 13 个正方形构成边长比为 608:377 的矩形,后 13 个正方形构成边长比为 608:231 的矩形[57].

在柯尔捷姆斯基与鲁沙廖夫的书中,指出了由正方形拼矩形问题与由某种传导物构成闭链的配置问题间的联系.

但有趣的是,由一套有限个两两不同的立方体拼成长方体的问题,是无解的.

事实上,设问题可解,且设 $v$ 为其最小立方体体积.因为在任意由成套的不同正方形构成的矩形中,最小正方形不可能与它的边相邻(试证明这一点[58]),那么同长方体下底面邻接的最小立方体 ($K_1$) 将夹在较大立方体的侧面间.放在由上述立方体构成的"井"底上的最小立方体($K_2$),也将夹在更大(同它比较)立方体的侧面间,而这些立方体构成了具有较小截面的"井",等等.在立方体 $K_1, K_2, K_3, \cdots$ 中,自然可以找到体积小于 $v$ 的立方体,而这与假设矛盾.

还可试解如下两个问题:① 对于 $n=34$ 和 $50$,分一个立方体为 $n$ 个立方体(其中可以有相同的)[59],试确定,对怎样的值 $n$,这问题无解;② 试证[60],对于 $n \neq 2, 3, 5$,正方形总可分为 $n$ 个正方形(其中可以有相同的).

# 3.4  嵌木地板

一个有趣的几何游戏是构制嵌木地板 —— 简单

地说就是正确地重复应用一种或几种形状的图形覆盖平面.

嵌木地板最简单的例子,是常见的方格纸或充满正三角形的平面;用某种方法把其中单个的眼结合起来,就得到各式各样的"丛生"嵌木地板.如果用曲线和折线把一些网眼圈在一起,还会增加新的式样.在图 3.25 上画出了几种可以无限延续的(建议读者证明)丛生嵌木地板图样.

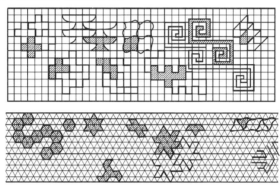

图 3.25

丛生嵌木地板也可以在由不同边数的正多边形构成的嵌木地板上绘制.

为了研究应用正多边形填满平面问题,必须首先估计所有可能的"结点"类型,即求出能具有共同顶点而不重合的盖满周围的所有可能的正多边形的不同组合,在每种情形下验证按所求类型结点的嵌木地板无限延续的可能性.

例如,容易验证,正三角形、正七边形与正四十二边形可以构成结点,但要应用(3,7,42)型结点通过正多边形填满整个平面,那是不可能的.事实上,如果在

顶点 $A$(图 3.26)放置 $\triangle ABC$,七边形 $S_1$ 和四十二边形 $S_2$,那么在 $\triangle ABC$ 与四十二边形的共同顶点 $B$ 应放七边形 $S_3$,但这时在点 $C$ 已不可能是(3,7,42)型结点了.

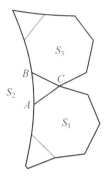

图 3.26

试证,虽然存在(5,5,10)型结点,但使用正五边形和正十边形覆盖全平面是不可能的[61].

当寻求不同类型结点时,应估计到结点的阶数 $K$(即在这点汇集的多边形个数)不可能超过 6.此外,如果在一个 $K$ 阶结点汇集的多边形边数分别为 $n_1, n_2, \cdots, n_k$,那么容易证明[62]

$$K - 2\left(\frac{1}{n_1} + \frac{1}{n_2} + \cdots + \frac{1}{n_k}\right) = 2$$

例如,对 $K = 3$,有等式 $\frac{1}{n_1} + \frac{1}{n_2} + \frac{1}{n_3} = \frac{1}{2}$,满足它的结点有(8,8,4),(12,12,3),(10,5,5),(12,6,4),(6,6,6),(3,7,42)等.对 $K = 4$,有 $\frac{1}{n_1} + \frac{1}{n_2} + \frac{1}{n_3} + \frac{1}{n_4} = 1$,这条件为结点(6,3,4,4),(6,3,6,3)等所满足.

想弄清全部嵌木地板式样是不可能的.事实上,例如,取三角形网格,且用不同方法把一部分三角形结合成六边形,即可得到无限多种正三角形与正六边形构成的嵌木地板(图 3.27).

因此,对地板造型提出较严的条件是应当的.例如,可要求结点阶数相同,而图 3.27(a)(b)(c)的式样都不满足这要求,但图 3.27(d)(e)满足.

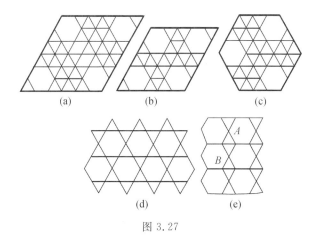

(a) (b) (c)

(d) (e)

图 3.27

　　如果还要附加条件,要求一个结点周围的多边形排列顺序对任何结点都相同,那么图 3.27(e) 的式样也将是"不合格"的,因为在结点 A 三角形与六边形相间排列,而在结点 B 却有两个六边形相邻排列.

　　还可以要求,式样中所有同边数的多边形都是"同类型"的,也就是说,任何两个同边数多边形都具有完全一样的相邻多边形(图 3.28 中的(a)(b)(c)(d),或者只容许使用两种不同类型的同边数多边形(如图3.28(e)的式样)中,全部正方形和六边形是同类型的,而三角形却非同类型,因为有的三角形邻接三个正方形,而有的却邻接两个正方形和一个三角形).

　　由图 3.28 的(c)(g)(h)(i)(j) 看出,由正方形和三角形围成正六边形共有 5 种方式,但其条件是六边形所有 6 个顶点都是四阶结点,而任两个六边形无公共点.

　　试研究,哪一种形式的六边形可以在同一种无限延续的嵌木地板中交替出现,除了图 3.28(c) 之外,还有没有这样的嵌木地板,其中所有六边都是同类型的.

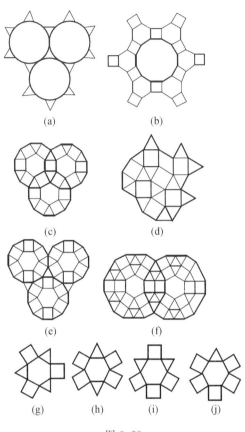

(a)          (b)

(c)          (d)

(e)          (f)

(g)      (h)      (i)      (j)

图 3.28

比较图 3.28(a)(b)(c)(e)(f) 可见,凡其构成中含有十二边形的,可由之得到新的式样(即把十二边形分为若干部分).把图 3.28(f) 的式样中每四个相邻的三角形结合起来,同时把每两个相邻的正方形结合起来,即得所有网眼和结点均为同类型的新式样,但却出现了"非正网眼"(矩形).

111

还要指出一种等边六边形(两对对角等于 $\dfrac{360^\circ}{n}$,$n$ 为某一自然数,另两个角相等)的有趣性质.由这种六边形片,除构成图 3.29(a) 的式样那样的平行网眼之外,还可构成"辐射型"式样(图 3.29(b)),其网眼形成如 $AOB$ 那样的 $n$ 个"扇形"(图中 $n=7$),其顶点在中心 $O$,还有 $n$ 个其顶点"差一点"未到中心的扇形 $BCD$,$AEF,\cdots$.由正五边形与正十五边形或星形五边形相结合,也可构成具有多种网眼的有趣式样,但没有无限延续性.

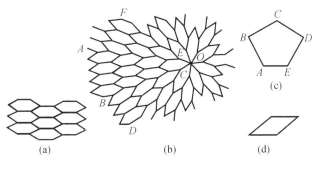

图 3.29

无限延续的嵌木地板还可由正五边形同锐角为 $36^\circ$ 的菱形(图 3.29(d))相结合而构成,或者由一些形如图 3.29(c) 所示的四等边五边形构成,其中 $\angle B$ 和 $\angle D$ 为直角,其他角为 $120^\circ$,且 $AB = BC = CD = DE$[63].

### 3.4.1 双色嵌木地板

有一种方形嵌木地板,它是由被对角线分成相等的两个三角形(一黑一白)的正方形格组成的.

取由四个正方形构成的某一组合形,如图 3.30 中的 $ABCD$,可以向它贴置(在右边和下边)三个另外的组合形,以得到具有水平对称轴($AE$)和垂直对称轴($CF$)的十六格对称嵌木地板式样.

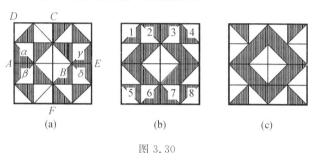

图 3.30

除了取四个以外,也可以取 9 个、16 个、25 个等的正方形构成的组合形,因为由 $n^2$ 个正方形可以构成 $4^{n^2}$ 种不同的组合形,因此,当 $n > 2$ 时,实际上几乎不可能详尽研究所有由 $4n^2$ 个正方格构成的对称嵌木地板式样.

如果在对称嵌木地板中,关于大正方形的两个对称轴对称排列的某四个小正方形,如图 3.30 中的正方形 $\alpha, \beta, \gamma, \delta$,沿垂直方向平移(作对换 $(\alpha, \beta)$ 和 $(\gamma, \delta)$),就得到新的式样. 这样,水平对换 $(\alpha, \gamma)$ 和 $(\beta, \delta)$ 使图 3.30(a) 的式样变为图 3.30(b) 的式样,然后再进行垂直对换 $(1,5)(2,6)(3,7)$ 和 $(4,8)$ 就变为图 3.30(c) 的式样.

如果两个嵌木地板式样中的每一个都可通过对换另一个的与水平或垂直轴平行的两列格而得到,那么就称它们为**同类的**. 如图 3.30 中的(b) 和(c) 就是同类的,因为它们可以通过对换最上和最下两个水平行而互相求得. 读者能否确定,对 $n = 2, 3, 4, \cdots$,由 $4n^2$ 个正方形格构成的对称嵌木地板式样,究竟可分多少类?

也可以构造由染了两三种颜色的三角形构成的嵌木地板(图 3.31(a)(b)). 由 4 个(9 个,16 个,$\cdots$,$n^2$ 个)形如 $a$ 的三角形构成的大等边 $\triangle ABC$(图 3.31(c),$n=2$)或 $A'B'C'$($d$,$n=3$),且把它关于边 $BC$ 或 $B'C'$ 翻折过去而得到菱形 $ABCD$ 或 $A'B'C'D'$,再把这菱形关于 $AB$,$BD$ 或 $A'B'$,$B'D'$ 分别进行翻折,就得到有三条对称轴,由 $6n^2$ 个小双色三角形构成的正六边形(见图 3.31(e)(f)).

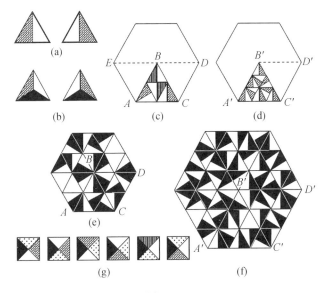

图 3.31

如果你试按另一顺序翻折(首先以边 $AB$ 为轴翻折 $\triangle ABC$,然后将所得菱形关于边 $BE$ 和 $BC$ 翻折),那么会得到同样的六边形(试证明这一点)[64].

114

具有极美丽的花纹的各式各样的正方形嵌木地板,可以由 $4n^2$ 个四色方块拼成.因为以正方形中心为公共顶点的四个三角形可以用 6 种实质上不同的方法着色(图 3.31(g)),因而就可以从 6 种正方形中尽情挑选使用,或做某种限制.

## 3.5　图形重组

如果把一个图形分为若干部分,加以重新拼合可以得到另一个图形,那么这两个(平面或立体)图形称为是**组成相等**的,而这种分割和拼合过程叫作图形**重组**.

**定理 3.1**　如果图形 $A,B$ 都与某一图形 $C$ 组成相等,那么 $A$ 和 $B$ 也组成相等.

事实上,如果图形 $C$(图 3.32)被实线(对于立体就是被曲面)分为若干部分,由此可组成图形 $A,C$ 又被虚线分为若干部分,由此可组成图形 $B$,那么,$C$ 也就被所有实虚线总体分成

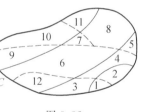

图 3.32

了若干部分,把这些部分重新编号,我们看到,如果按 $1,2;3,4,5;\cdots$ 分组,可组成图形 $A$,然后再按 $1,3,12;2,4,6,9;\cdots$ 分组,就组成图形 $B$.

显而易见,还有:

**定理 3.2**　任意两个组成相等的图形是等积的,即有相同的面积(或体积).

其逆命题并不正确,即一般说来,由两个图形等

积并不能推出它们组成相等.下面几个定理说明了由等积性可推出组成相等的一些特殊情况.

**定理 3.3** 等底等高的平行四边形组成相等.

**定理 3.4** 任意两个等积矩形组成相等.

(定理 3.3 可见图 3.33(a);定理 3.4 见图 3.33(b),由 $ab = cd$ 可证 $AB \parallel CD \parallel LM$,故 $EKF \parallel AB$,易见 $S_1 = S_1'$,$S_2 = S_2'$,而 $S_2$ 和 $S_3'$ 是等组成的.)

**定理 3.5** 任意两个等积平行四边形组成相等.

(据定理 3.3 知,两个平行四边形各与某一矩形组成相等,再用定理 3.1,3.4 即知)

**定理 3.6** 任意等积的三角形和矩形组成相等.

(由图 3.33(c),可知 $\triangle ABC$ 与 $\square ADFC$ 组成相等.)

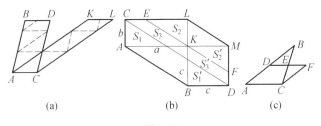

图 3.33

**定理 3.7** 任意两个等积多边形组成相等(波亚－赫尔文定理).

事实上,把每个多边形($P$ 和 $Q$)都划分为三角形(分别记为 $p_1, p_2, \cdots, p_m$ 和 $q_1, q_2, \cdots, q_n$),只需把这些三角形重新划分和拼合为具有相同的高 $h$ 的矩形($p_1'$,$p_2', \cdots, p_m'$ 和 $q_1', q_2', \cdots, q_n'$),然后再把这些 $p_1', p_2', \cdots,$ $p_m'$ 组成一个高为 $h$ 的矩形(也可由 $q_1', q_2', \cdots, q_n'$ 组成).这矩形将与 $P$ 和 $Q$ 的组成相等.

由上述可见,定理 3.2 的逆命题,对任意多边形是正确的.

在 19 世纪,人们曾企图证明,类似于波亚－赫尔文定理的命题对于多面体也是正确的,但在 1901 年,德国数学家邓恩证明了,等积的立方体与正四面体不是组成相等的.

但是,如果只限于一些特殊的多面体,在有些情形下,由等积性可以推出组成相等.

**定理 3.8**　等积的长方体必组成相等.

设 $P$,$Q$ 是任意两个等积长方体,$P$ 的棱是 $a$,$b$,$c$;$Q$ 的棱是 $a_1$,$b_1$,$c_1$,$abc = a_1 b_1 c_1$,取辅助长方体 $R$,其棱为 $a_1$,$b'$,$c$,满足 $a_1 b' = ab$ 和 $b'c = b_1 c_1$.易证,$P$ 与 $R$ 组成相等(它们有等高 $c$ 和等面积的底面),$Q$ 与 $R$ 也组成相等.

**定理 3.9**　任何棱柱可重组为长方体.

事实上,设 $P$ 是侧棱为 $l$ 的斜棱柱,作直截面 $ABCDE$,那么由部分 Ⅰ,Ⅱ(图 3.34)就构成一个底为 $ABCDE$、高为 $l$ 的直棱柱(如由于斜棱柱太粗太短而不可能作出与所有侧棱都相交的直截面,可预先把它分为较细,即底面较小的棱柱,而分别重组为直棱柱).按定理 3.7,分多边形为 $\alpha_1$,

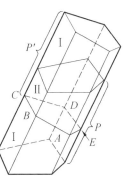

图 3.34

$\alpha_2$,$\cdots$,$\alpha_n$,它们可重组为某一矩形.因此,由底为 $\alpha_1$,$\alpha_2$,$\cdots$,$\alpha_n$,高为 $l$(与 $P'$ 的高重合)的各直棱柱可构成高为 $l$ 的长方体 $P''$.

**定理 3.10** 任意两个等积棱柱组成相等.

(这可由定理 3.8 和 3.9 推出.)

图形重组问题中,有时还要捎带指出图形应割分成多少部分. 如:

(1) 分矩形 $9 \times 16$ cm² 为两部分,并重组为正方形[65a].

(2) 分矩形 $a \times b$ cm² 为两部分,并重组为矩形 $\dfrac{an}{n+1} \times \dfrac{b(n+1)}{n}$ cm²($n$ 为不等于 0 的自然数)[65b].

(3) 分长方体 $8 \times 8 \times 27$ cm³ 为四部分,并重组为棱长为 12 cm 的立方体(图 3.35).

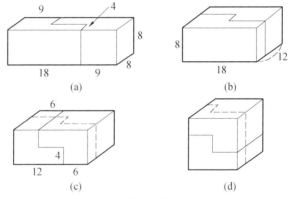

(a)　　　　　　　　(b)

(c)　　　　　　　　(d)

图 3.35

试用厚纸板做出四个组成部分的模型,用它们可以构成棱为 12 cm 的立方体,也可构成 $8 \times 8 \times 18$ cm³ 的长方体.

(4) 试分长方体 $a \times b \times c$ cm³ 为四部分,并重组为长方体 $\dfrac{an}{m+1} \times \dfrac{b(m+1)n}{m(n+1)} \times \dfrac{c(n+1)}{n}$ cm³($m, n$ 为整数),或长方体 $\dfrac{amn}{(m+1)(n+1)} \times \dfrac{b(m+1)}{m} \times \dfrac{c(n+1)}{n}$ cm³[66].

（5）考虑图 3.36,应怎样把一块小地毯(a) 或漆布(b) 分为两部分,以便能分别把它们缝合成正方形小地毯和方形棋盘.

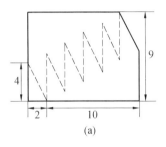

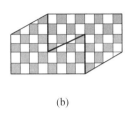

图 3.36

试考虑一个类似问题,但裁出的部分分别有 3,4,6 个"齿".

（6）△ASB,△BSC,△CSD（图 3.37）有公共顶点 S 和在同一直线上处于相邻位置的相等的底（AB = BC = CD）. 试证:它们每一个均可用同样的几部分构成（图 3.37 中标号为 1,2,3,4. 又 BK // CL // AS,BE // CF // DS,BM // CS,CN // BS）.

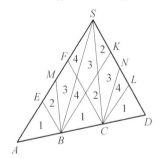

图 3.37

试对 $n(n=4,5,6,\cdots)$ 个同顶点,底相等且依次衔接排列于同一直线上的三角形考虑类似问题.

（7）正方形 $A$（图 3.38）重组为图形 $B$，$C$（分为三部分）和 $D$（分为四部分）[67].

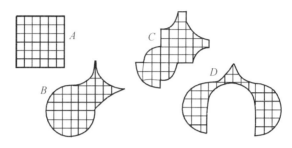

图 3.38

图 3.39 表明，怎样把由一个边长为 $a$ 的正五边形 $ABCDE$ 分出的编了号的部分拼合成一个边长为 $b = a\sqrt{\dfrac{5}{\sqrt{3}\tan 36°}} \approx 1.993a$ 的正三角形. 画法如下：

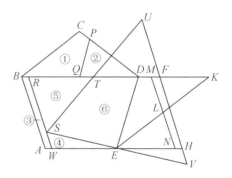

图 3.39

① 延长 $BD$ 到 $K$，使 $DK = DE$，因此 $\triangle EDK \cong \triangle BCD$.

② 过 $EK$ 中点 $L$ 作 $MN /\!/ AB$. 取 $CP = DM$，$BQ = EL$，那么四边形 $EDML \cong$ 四边形 $BCPQ$，且

120

$\triangle QPD \cong \triangle LMK \cong \triangle LNE$.

③ $ET = \dfrac{b}{2} = ES = TS = TU = EV$，即等边 $\triangle SUV$ 与五边形 $ABCDE$ 等积；

④ 过 $S$ 作 $RW \parallel UV$（但 $RW$ 与 $AB$ 不平行），因此，$\triangle TUF \cong \triangle TSR$ 及 $\triangle EHV \cong \triangle EWS$. 此外，由四边形 $ABRW$ 与 $NMFH$ 等积且对应边平行，推理得知，它们平移后可以重合.

试重组正七边形为正三角形或正方形，重组正六边形为正八边形，等等，这样做时，需使割分出的块数尽可能少，每块尺寸也不要太小. 应用定理 3.1 可找到一种方法分正三角形（正六边形等）为不太小的若干块，用它们可拼成正方形和正五边形（或正方形和正七边形）. 这就引出一个有趣的难题：用给定的若干块平面图形来拼三个指定的正多边形.

由图 3.40 看出，一个正十二边形可以分成一组相同的块，而应用两组这样的块，则可拼合成具有 2 倍面积的正十二边形.

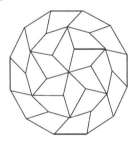

图 3.40

试问：对怎样的 $n$ 和 $k$ 的值，正 $n$ 边形可以分为一组相同的块（块数要尽可能少），使得应用 $k$ 组这样的块，可拼成具有 $k$ 倍面积的类似图形？

能否把正方形分为 $n$ 块,使得去掉一块、两块(甚至三块)以后,使剩下的块还能拼成一个较小的正方形?

## 3.6　描绘曲线

### 3.6.1　花瓣形

喜爱美丽几何图形的人,可以细致地在极坐标系上绘制方程 $r = a + b\sin\dfrac{m\varphi}{n}$ 的曲线,其中 $a,b,m,n$ 为已知数.

先描绘如下曲线:

(1) $r = \sin 3\varphi$;　　　　(2) $r = \dfrac{1}{2} + \sin 3\varphi$;

(3) $r = 1 + \sin 3\varphi$;　　　(4) $r = \dfrac{3}{2} + \sin 3\varphi$.

列表 3.1(其中取 $\dfrac{\sqrt{3}}{2} \approx 0.87$):

表 3.1

| $\varphi$ | $-30°$ | $-20°$ | $-10°$ | $0°$ | $10°$ | $20°$ | $30°$ | $40°$ | $50°$ | $60°$ | $70°$ | $80°$ | $90°$ |
|---|---|---|---|---|---|---|---|---|---|---|---|---|---|
| $\sin 3\varphi$ | $-1$ | $-0.87$ | $-0.5$ | $0$ | $0.5$ | $0.87$ | $1$ | $0.87$ | $0.5$ | $0$ | $-0.5$ | $-0.87$ | $-1$ |
| $\dfrac{1}{2} + \sin 3\varphi$ | $-0.5$ | $-0.37$ | $0$ | $0.5$ | $1$ | $1.37$ | $1.5$ | $1.37$ | $1$ | $0.5$ | $0$ | $-0.37$ | $-0.5$ |
| $1 + \sin 3\varphi$ | $0$ | $0.13$ | $0.5$ | $1$ | $1.5$ | $1.87$ | $2$ | $1.87$ | $1.5$ | $1$ | $0.5$ | $0.13$ | $0$ |
| $\dfrac{3}{2} + \sin 3\varphi$ | $0.5$ | $0.63$ | $1$ | $1.5$ | $2$ | $2.37$ | $2.5$ | $2.37$ | $2$ | $1.5$ | $1$ | $0.63$ | $0.5$ |

为了简化描绘过程,可预先绘制极坐标(不熟悉极坐标的读者,应首先学习极坐标的有关知识).我们把满足 $\alpha \leqslant \varphi \leqslant \beta$ 的点组成的平面部分称为扇形($\alpha$,

$\beta$)，以光滑的曲线联结点$(0°,0)$[①]，$(10°,0.5)$，$(30°,0.1)$，$(40°,0.87)$，$(50°,0.5)$，$(60°,0)$，就在扇形$(0°,60°)$中得到曲线 Ⅰ 的"正"花瓣(1)(图 3.41).

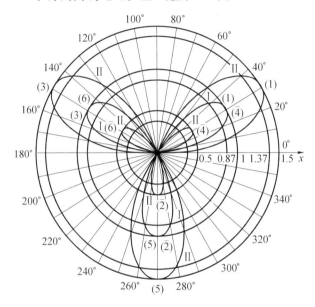

图 3.41

延续这表 3.1 到 $\varphi=360°$，在图 3.41 上联结位于扇形$(240°,300°)$中的点：$(60°,0)$，$(70°,-0.5)$，$(80°,-0.87)$，$(90°,-1)$，$(100°,-0.87)$，$(110°,-0.5)$，$(120°,0)$，即得曲线 Ⅰ 的"负"花瓣$(\overline{2})$.

类似做出在扇形$(120°,180°)$中的正花瓣(3)，扇形$(0°,60°)$中的负花瓣$(\overline{6})$.曲线 Ⅰ 的花瓣(1)和$(\overline{4})$，$(\overline{2})$和(5)，(3)和$(\overline{6})$是互相重合的.但由表 3.1 的后

---

① 我国现行课本中,表示点的极坐标是$(r,\varphi)$,不如$(\varphi,r)$方便.

123

三行可以看出：

（1）曲线 Ⅱ（表 3.1 中对应于 $r=\dfrac{1}{2}+\sin 3\varphi$ 的行）的正瓣（1）在扇形（$-10°,70°$）中（最大的 $r=1.5$），相继的负瓣（$\overline{2}$）位于扇形（$250°,290°$）中（最大的 $\mid r\mid=0.5$），等等（图 3.41）。

（2）曲线 Ⅲ 只有在扇形（$-30°,90°$），（$90°,210°$），（$210°,330°$）中的正瓣（图 3.42）。

（3）曲线 Ⅳ 最小的 $r=0.5$，且花瓣是"未完成型"的（图 3.42）。

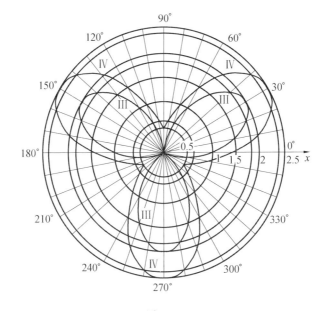

图 3.42

曲线 $r=a+\sin\dfrac{5\varphi}{3}$，对 $a=0,\dfrac{1}{2},1,\dfrac{3}{2}$ 有完全类似的情况，为方便起见，这里取角 $\varphi$ 的变差为 $18°$（由 $0°$ 到

$1080°$），当 $a=0$ 时，第一（正）瓣和第二（负）瓣处于扇形（$0°,108°$）和（$228°,396°$）中（图 3.43(a)）；而对于 $a=\dfrac{1}{2}$，第一、二瓣处在扇形（$-18°,126°$）和（$306°$, $378°$）中（图 3.43(b)）.当 $a=1$ 时，将只有五个正瓣，且分别位于扇形（$-54°,162°$），（$162°,378°$），… 之中；$a=\dfrac{3}{2}$ 时，也同样出现"未完成型"的瓣（图 3.43(c)）.

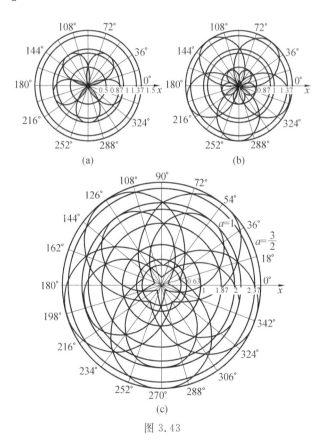

图 3.43

在一般情形下,曲线 $r = \sin \dfrac{m\varphi}{n}$ 的第一正瓣在扇形 $\left(0^\circ, \dfrac{n180^\circ}{m}\right)$ 中,因为在这扇形中有 $0^\circ \leqslant \dfrac{m\varphi}{n} \leqslant 180^\circ$. 当 $\dfrac{1}{2} < \dfrac{m}{n} < 1$ 时,花瓣将进入大于 $180^\circ$ 而小于 $360^\circ$ 的一个扇形;当 $\dfrac{m}{n} < \dfrac{1}{2}$ 时,一个花瓣所在的"扇形"将超过 $360^\circ$(图 3.44 上画出了 $\dfrac{m}{n} = \dfrac{2}{3}, \dfrac{1}{2}, \dfrac{1}{3}, \dfrac{1}{4}$ 的花瓣形状).

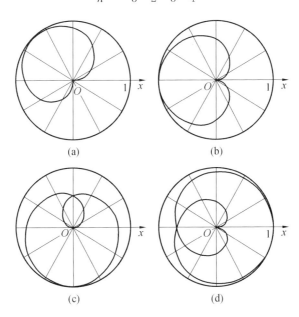

(a)  (b)  (c)  (d)

图 3.44

设 $m$ 与 $n$ 互素,我们考虑方程 $r = \sin \dfrac{m\varphi}{n}$. 可以介绍这样一些情况.

(1)$m$ 为偶数,$n$ 为奇数.令 $\varphi$ 由 $0°$ 变到 $n360°$,我们就得到有 $2m$ 个瓣的一朵完整的花 $\left(n360°:\dfrac{n180°}{m}=2m\right)$,而最后一瓣是负的.因此,当继续改变 $\varphi$ 时,我们将沿着曲线重"走"一遍(在图3.45(a)上,$m=4$,$n=3$).

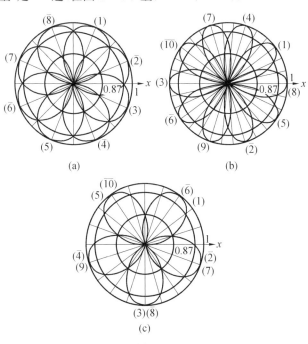

图 3.45

(2)$m$ 为奇数,$n$ 为偶数,令 $\varphi$ 由 $0°$ 变到 $n180°$(注意,由于 $n$ 是偶数这是整圈数),我们就得到 $m$ 瓣 $\left(n180°:\dfrac{n180°}{m}=m\right)$,但其中最后一瓣是正的,因此,当 $\varphi$ 继续由 $n180°$ 变到 $n360°$ 时,将得到"正好相对"的花瓣.两种情形合起来,所得花卉仍是 $2m$ 瓣(在图3.45(b)上,$m=5$,$n=2$).

127

(3)$m,n$ 都是奇数,当 $\varphi$ 由 $0°$ 变到 $n180°$ 时,即得 $m$ 个花瓣,因为其中最后一个是正的,所以下面的第 $n+1$ 瓣就是负的,且同第一个正瓣重合.整体看来,当 $\varphi$ 由 $n180°$ 变到 $n360°$ 时,我们就得到全部 $m$ 个已描绘过的瓣,但若"前一轮"描出的是正瓣,则"下一轮"是负瓣;若前一轮为负瓣,则下一轮为正瓣(图 3.45(c),其中 $m=5,n=3$).

### 3.6.2 利萨茹曲线

在笛卡儿坐标系中,也可以绘出许多有趣的曲线.最简单的是画由参数方程

$$\begin{cases} x = \varphi(t) \\ y = \varphi(t) \end{cases}$$

给出的曲线,其中 $t$ 为辅助变量(参数).

为了画出参数方程给出的曲线,就要算出与足够多的参数 $t$ 的值(递增或递减的)相对应的 $x,y$ 值,定点 $(x,y)$,然后(按 $t$ 增加的顺序)联结成平面曲线.例如对方程 $\begin{cases} x = \sin 2t \\ y = \sin 3t \end{cases}$,有表 3.2.

表 3.2

| $t$ | $0°$ | $15°$ | $30°$ | $45°$ | $60°$ | $75°$ | $90°$ | $105°$ | $\cdots$ |
|---|---|---|---|---|---|---|---|---|---|
| $x$ | 0 | 0.5 | 0.87 | 1 | 0.87 | 0.5 | 0 | $-0.5$ | $\cdots$ |
| $y$ | 0 | 0.7 | 1 | 0.7 | 0 | $-0.7$ | $-1$ | $-0.7$ | $\cdots$ |

把表 3.2 延续到 $t=360°$,按所得 $x,y$ 值描出点 $A_0$,$A_1,A_2,\cdots,A_{24}$,就得到如图 3.46 所示的曲线.

这是一种所谓的**利萨茹**曲线.它的一般方程是

$$\begin{cases} x = a\sin mt \\ y = b\sin n(t+\alpha) \end{cases} \qquad ①$$

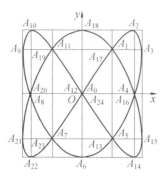

图 3.46

如果把参数 $t$ 取作时间,那么利萨茹方程的图像将表示互相垂直方向的两个简谐振动叠加的结果.

试就图 3.47 上所画的如下方程的曲线加以验证:图 3.47(a):$x = \sin 3t$,$y = \sin 5t$;图 3.47(b):$x = \sin 3t$,$y = \cos 5t$;图 3.47(c):$x = \sin 3t$,$y = \sin 4t$;图 3.47(d):$x = \sin(t-45°)$,$y = \sin t$.除利萨茹曲线外,图中还画出了边长为 2 的正方形,曲线在正方形内部与其边相切.在一般情况下,曲线 ① 将位于一个边长为 $2a$ 及 $2b$ 的矩形内部.

当画利萨茹曲线时,预先标出这曲线与相应矩形各边的切点是有益的,并且还可以在矩形内部引出一些辅助直线 $y = b\sin 15°$,$y = b\sin 30°$,$y = b\sin 45°$,$y = b\sin 60°$,$y = b\sin 75°$ 和 $x = a\sin 15°$,$x = a\sin 30°$,$\cdots$(这里假定 $t$ 的变差为 $15°$,$\alpha = 0°$).

如果对参数 $t$ 的某个值,曲线"达到"矩形的顶点,而当 $t$ 继续增加时,点将沿相反的方向描出同一条曲线(如图 3.47(a) 的曲线),那么,利萨茹曲线是非封闭的.当 $\alpha = 0$ 时,试确定曲线 ① 为非封闭的条件[68].考查一下,例如,用方程 $x = \sin 3t$,$y = \sin 5(t+3°)$ 代替

图 3.47(a) 的方程时,非封闭曲线怎样变成封闭曲线是很有益的.

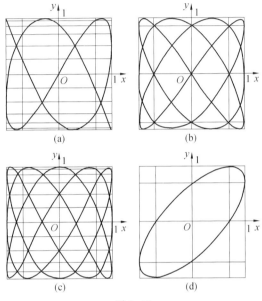

图 3.47

### 3.6.3 摆线、外摆线、内摆线

爱好数学的人,无疑都会对摆线和内外摆线感到极大的兴趣.当半径为 $r$ 的圆沿着直线或半径为 $R$ 的定圆在与它相切、内切或外切的条件下运动时,该圆上一点 $M$ 的轨迹,分别称为**摆线**、**内摆线**和**外摆线**.参数方程分别为

$$\begin{cases} x = r(t - \sin t) \\ y = r(1 - \cos t) \end{cases} \quad (摆线)$$

$$\begin{cases} x = R((1-m)\cos mt + m\cos (1-m)t) \\ y = R((m-1)\sin mt + m\sin (1-m)t) \end{cases} \quad (内摆线)$$

$$\begin{cases} x = R((1+m)\cos mt - m\cos(1+m)t) \\ y = R((1+m)\sin mt - m\sin(1+m)t) \end{cases} (\text{外摆线})$$

其中 $m = \dfrac{r}{R}$.

贝尔曼的书中叙述了摆线的有趣性质,并且对各种不同的 $m$ 值画出了内、外摆线的图形. 在图 3.48 上画出了 $m = \dfrac{2}{9}$ 时的内摆线(图 3.48(a))和 $m = \dfrac{2}{5}$ 时的外摆线(图 3.48(b)).

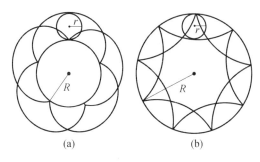

(a)　　　　　　(b)

图 3.48

### 3.6.4　有趣的折线

如果在曲线方程中引用绝对值符号,很可能使曲线形状出现丰富多彩的变化. 例如,方程 $y = \sin x$,$y = |\sin x|$,$|y| = \sin x$ 和 $|y| = |\sin x|$ 的图像分别是图 3.49 的(a)(b)(c)和(d).

对应于方程

$$|x| + |y| = 1 \qquad\qquad ②$$

的"曲线"是正方形 $ABCD$(图 3.50(a)),因为例如,对第二象限,由于 $x < 0$,$y > 0$,方程可化为 $-x + y = 1$,这是直线 $l$ 上在第二象限内的一段.

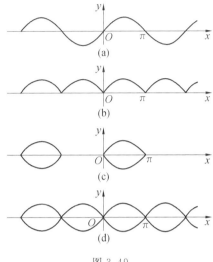

图 3.49

试检验[69]，下列方程分别对应于图 3.50 中 (b)(c)(d) 的正六边形、正八边形和"8"形:

(1) $|2y-1|+|2y+1|+\dfrac{4}{\sqrt{3}}|x|=4$;

(2) $|x|+|y|+\dfrac{1}{\sqrt{2}}(|x-y|+|x+y|)=\sqrt{2}+1$.

(3) $||x|+||y|-3|-3|=1$.

读者能否找到给出正十二边形、正十六边形等的方程? 也许,要找正五边形、正七边形等的方程会更加困难.

对应于方程 $y=\mathrm{marcsin}\,(\sin k(x-\alpha))$ 的曲线,也是相当独特的. 由方程 $y=\arcsin\,(\sin x)$ 推出 $-\dfrac{\pi}{2}\leqslant y\leqslant\dfrac{\pi}{2}$ 且 $\sin y=\sin x$.

132

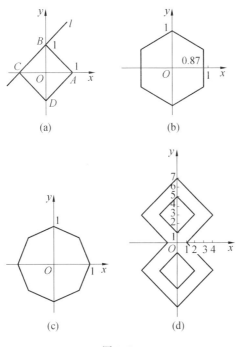

图 3.50

当 $-\dfrac{\pi}{2} \leqslant x \leqslant \dfrac{\pi}{2}$ 时,函数 $y = x$ 同时满足这两个条

件,在区间 $\left[-\dfrac{\pi}{2}, \dfrac{\pi}{2}\right]$ 上画出它的图像,就得如图 3.51

所示折线上的 $AB$ 段. 在区间 $\left[\dfrac{\pi}{2}, \dfrac{3\pi}{2}\right]$ 上,将有 $y = \pi -$

$x$,因为 $\sin(\pi - x) = \sin x$,且在这区间上 $-\dfrac{\pi}{2} \leqslant \pi -$

$x \leqslant \dfrac{\pi}{2}$. 这时,图像就是 $BC$ 段. 因为 $\sin x$ 是周期为 $2\pi$

的周期函数,那么在区间 $\left[-\dfrac{\pi}{2}, \dfrac{3\pi}{2}\right]$ 上画出的折线

$ABC$,将在区间 $\left[\dfrac{3\pi}{2},\dfrac{7\pi}{2}\right]$,$\left[\dfrac{7\pi}{2},\dfrac{11\pi}{2}\right]$,$\cdots$ 上重复出现.

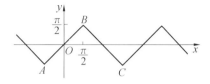

图 3.51

方程 $y=\arcsin(\sin kx)$ 将对应于图 3.52 中周期为 $\dfrac{2\pi}{k}$(函数 $\sin kx$ 的周期)的折线 Ⅰ(图 3.52,其中 $k=2$). 如在方程的右边增添一个因数 $m$,即得方程 $y=m\arcsin(\sin kx)$. 当 $m>0$ 时,它给出形如图 3.52 中 Ⅱ 的折线($m=\dfrac{1}{2}$);而当 $m<0$ 时,则给出形如图 3.52 中 Ⅲ 的折线($m=-2$).

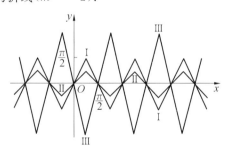

图 3.52

最后,容易验证[70],把上面最末一个折线向右平移 $\alpha$ 个单位,即得 $y=m\arcsin(\sin k(x-\alpha))$ 的图像.

建议读者验证,方程

$$\left[y-\dfrac{2}{\pi}\arcsin\left(\sin\dfrac{\pi x}{2}\right)\right]\left[y+\dfrac{2}{\pi}\arcsin\left(\sin\dfrac{\pi x}{2}\right)\right]\cdot$$

$$\left[ y - \frac{2}{\pi} \arcsin \left( \sin \frac{\pi(x-1)}{2} \right) \right] \cdot$$

$$\left[ y + \frac{2}{\pi} \arcsin \left( \sin \frac{\pi(x-1)}{2} \right) \right] = 0$$

的图像是图 3.53 所示的折线族（分别把第一、二、三、四个因式看作 0，就得相应折线 $a, b, c, d$. 关于图 3.53，下一节（140 页）还要补充说明.

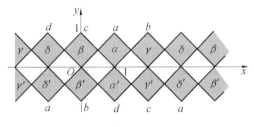

图 3.53

### 3.6.5　奇异的曲线

当曲线方程中含有很大的幂指数时，曲线常呈现出有趣的奇异性质.

例如，对方程 $y^{1000000} = x$，有表 3.3.

表 3.3

| $x$ | 0 | $10^{-6}$ | 1 | $10^{10}$ | $10^{100000}$ |
|---|---|---|---|---|---|
| $y$ | 0 | $\pm 0.999986$ | $\pm 1$ | $\pm 1.000023$ | $\pm 1.2583$ |

(试验算[70a])

由此看出，在相当大的区间上，曲线同折线 $LMNP$ 几乎没有区间（图 3.54）.

在图 3.55 上，画的是函数 $y = \sin x + 2(\sin x)^{1000000}$ 的图像.

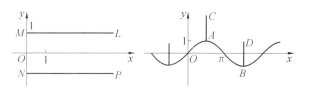

图 3.54　　　　　　　图 3.55

数值对应表 3.4.

表 3.4

| $x$ | 80°45′ | 89°50′ | 90° |
|---|---|---|---|
| $2(\sin x)^{1000000}$ | 0.00016 | 0.032 | 2 |
| （试验算！[70a]） | | | |

由表 3.4 看出,甚至对离 90°(以及 270° 等)很近的 $x$ 值,函数第二项的值都与 0 所差无几.因此,在通常正弦曲线的某些点($A,B$ 等)附近,将竖起又窄又尖的细条,几乎就成了线段 $AC,BD$ 等.

方程 $y^{1000001} = \sin\dfrac{\pi x}{2}$ 的曲线同折线 $ABCDEFGHI$（图 3.56）差别很小（如 $x = 0.000001$ 时,$y \approx 0.999984$）.

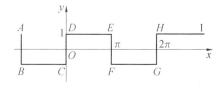

图 3.56

含有某些周期函数的较低次幂的项,也可用来改变简单曲线的形状.试扩充表 3.5.

表 3.5

| $x$ | $0°$ | $5°$ | $10°$ | $15°$ | $20°$ | $25°$ | $30°$ | $\cdots$ |
|---|---|---|---|---|---|---|---|---|
| $\sin 3x$ | 0 | 0.259 | 0.5 | 0.707 | 0.866 | 0.966 | 1 | $\cdots$ |
| $\sin^5 3x$ | 0 | 0.0001 | 0.031 | 0.178 | 0.487 | 0.84 | 1 | $\cdots$ |
| $\sin^9 3x$ | 0 | 0.000 | 0.002 | 0.004 | 0.28 | 0.73 | 1 | $\cdots$ |

用粗线描出函数

$$y = \sin x + \frac{1}{3}(\sin 3x)^5, y = \sin x - \frac{1}{2}(\sin 3x)^9 \text{ 的}$$

图像.

在极坐标系中,更便于考查附加项对曲线形状的影响.有一篇文章引用了一些方程,它们是德国数学家哈宾尼特根据在植物界遇到的几何形状而求得的.

例如,图 3.57 中画的是方程 $r = 4(1 + \cos 3\varphi)$ 和 $r = 4(1 + \cos 3\varphi) + 4\sin^2 3\varphi$ 的曲线.

方程

$$r = 5 + 2\cos \varphi + 3\cos^{71} \varphi$$

和

$$r = 5 + 2\cos \varphi + 3\cos^{71} \varphi - \sin^2 18\varphi \cos^4 \frac{\varphi}{2}$$

分别给出了"丁香叶"和"等麻叶"的轮廓.建议读者首先画出曲线 $r = 5 + 2\cos \varphi$,然后考查 $3\cos^{71} \varphi$ 的影响,最后再考查 $-\sin^2 18\varphi \cos^4 \frac{\varphi}{2}$ 的影响.

有一个极其独特的函数 $y = 1 + \sqrt{\lg \cos 2\pi nx}$,它只对 $x = 0, \pm\frac{1}{n}, \pm\frac{2}{n}, \cdots$ 取实数值(等于1),而在所有其余情况下,根号下的表达式或为负数,或为虚数.这函数的图像,将是到 $Ox$ 轴距离为1,相互之间距离为 $\frac{1}{n}$ 的点的集合(图 3.58(a)).

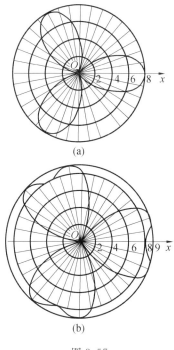

(a)

(b)

图 3.57

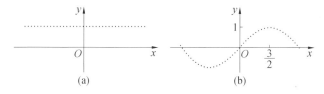

图 3.58

已知函数 $y = f(x)$ 的图像,如果只保留曲线上横坐标为 $0, \pm \dfrac{1}{n}, \pm \dfrac{2}{n}, \cdots$ 的点,就得到函数 $y = f(x)(1 + \sqrt{\lg \cos 2\pi n x})$ 的图像(如图 3.58(b),其中 $f(x) =$

$\sin \dfrac{\pi x}{3}$, $n = 4$).

应用函数 $f(x) = [x]$（见 1.2 节），能够把"不太有趣"的函数变为具有新奇图像的函数. 例如，在图 3.59 上，画出了函数 $y = x - [x]$ 的图像（图 3.59(a)）和函数 $y = \left[ \dfrac{6}{\pi} \arcsin \left( \sin \dfrac{\pi x}{6} \right) \right]$ 的图像（图 3.59(b)），其中小圆圈指出了要从图像上挖去的点.

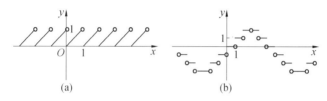

图 3.59

## 3.7　数　学　图　案

所谓数学图案，是指由某一方程或不等式（也可以是方程组或不等式组）刻画的图形，其中可能有某一花纹的多次重复.

例如，坐标满足不等式组

$$\begin{cases} y > \sin x \\ y < -\sin x \end{cases} \qquad \qquad ①$$

的点，处在一条正弦曲线上方（对于 $y > \sin x$）而同时又处在曲线 $y = -\sin x$ 之下，即不等式组 ① 的"解域"（解集合）将由图 3.60 上打了阴影的部分构成.

139

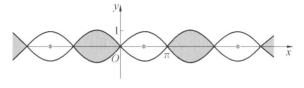

图 3.60

以 $f_1(x,y)$ 和 $f_2(x,y)$ 分别表示不等式

$$(y-\sin x)(y+\sin x)<0 \qquad ②$$

的第一个和第二个因式,那么 ② 的解集合将是两个不等式组

$$\begin{cases} f_1(x,y)>0 \\ f_2(x,y)<0 \end{cases}$$

和

$$\begin{cases} f_1(x,y)<0 \\ f_2(x,y)>0 \end{cases}$$

解集合的并集,即由图 3.60 上打阴影和打 $*$ 号的两部分区域构成. 如果在不等式

$$\left(y-\frac{2}{\pi}\arcsin\left(\sin\frac{\pi x}{2}\right)\right]\left(y+\frac{2}{\pi}\arcsin\left(\sin\frac{\pi}{x}\right)\right)\times$$

$$\left(y-\frac{2}{\pi}\arcsin\left(\sin\frac{\pi(x-1)}{2}\right)\right)\times$$

$$\left(y+\frac{2}{\pi}\arcsin\left(\sin\frac{\pi(x-1)}{2}\right)\right)<0 \qquad ③$$

中,左边因式分别以 $\varphi_1,\varphi_2,\varphi_3,\varphi_4$ 表示,那么不等式 ③ 的解集合由其坐标使其中三个因式为正、一个因式为负、或一个因式为正、三个因式为负的点所组成(例如图 3.53 中,"$\alpha$ 域":$\varphi_1<0,\varphi_2,\varphi_3,\varphi_4>0$;"$\beta$ 域":$\varphi_4<0,\varphi_1,\varphi_2,\varphi_3>0$;……;"$\alpha'$ 域":$\varphi_2>0,\varphi_1,\varphi_3,\varphi_4<0$;"$\beta'$ 域":$\varphi_3>0,\varphi_1,\varphi_2,\varphi_4<0$;……). 不等式 ③ 的解域由图 3.53 中打阴影的正方形构成.

当不等式左边因式很多的时候,可以这样把它们分开,使得由各因式等于零而画出的曲线或折线在一定范围相对移动,而把复杂的不等式化为简单的不等式组等.这将使所得花纹更加丰富多彩.

建议读者验证:下列不等式或不等式组的解域分别由图 3.61 的 (a)(b)(c)(d)(e) 上打阴影的部分构成:

(1) $(y^2 - \arcsin^2(\sin x))\left(y^2 - \arcsin^2\left(\sin\left(x + \dfrac{\pi}{6}\right)\right)\right) < 0$;

(2) $\phi_{-2}\phi_{-1}\phi_0\phi_1\phi_2 < 0$,其中 $\phi_k = \phi_k(x,y) = y^2 - \arcsin^2\left[\sin\left(x + \dfrac{k\pi}{8}\right)\right]$,$k = -2,-1,0,1,2$;

(3) $(y^2 - \sin^2 x)\left[y^2 - \sin^2\left(x + \dfrac{\pi}{6}\right)\right]\left[y^2 - \sin^2\left(x - \dfrac{\pi}{6}\right)\right] < 0$;

(4) $\begin{cases} y^2 - \left(\dfrac{2}{\pi}\right)^2 \arcsin^2\left(\sin\dfrac{\pi x}{4}\right) < 0 \\ y^2 - \left(\dfrac{2}{\pi}\right)^2 \arcsin^2\left(\sin\dfrac{\pi}{2}(x - 1)\right) < 0 \end{cases}$;

(5) $\begin{cases} y^2 - \left(\dfrac{16}{\pi}\right) \arcsin^2\left(\sin\dfrac{\pi x}{8}\right) < 0 \\ y^2 - \left(\dfrac{16}{\pi}\right)^2 \arcsin^2\left(\sin\dfrac{\pi(x - 1)}{8}\right) < 0 \\ y^2 - \left(\dfrac{16}{\pi}\right)^2 \arcsin^2\left(\sin\dfrac{\pi(x - 3)}{8}\right) < 0 \\ y^2 - \left(\dfrac{16}{\pi}\right)^2 \arcsin^2\left(\sin\dfrac{\pi(x - 6)}{8}\right) < 0 \end{cases}$.

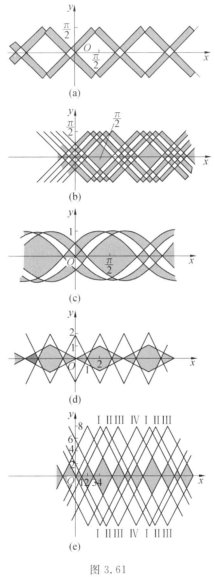

图 3.61

（在图 3.61(d)）中，虚线画出的"宽"菱形给出的是不等式(4)第一式的解域，而"高"菱形给出的是(4)第二式的解域；在图 3.61(e)中，大菱形 Ⅰ 画出了不等式(5)第一式的解域，等等；这些域的公共部分就是一系列打了阴影的小菱形，即不等式组的解域.

应用带有自变量高次幂的不等式，可以得到各式各样的数学花纹. 不等式

$$\left(y^{1000001} - \sin x\right)\left[(2y)^{1000001} - \sin\left(x - \frac{\pi}{2}\right)\right] < 0$$

和不等式

$$\left(y^{1000001} - \sin\frac{\pi x}{4}\right)\left(y - \frac{4}{\pi}\arcsin\frac{\pi x}{4}\right) < 0$$

的解域，分别与图 3.62 的(a)(b)中所画的阴影部分几乎没有差别.

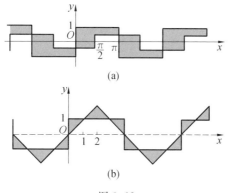

图 3.62

构造数学花纹是高年级学生一个很好的竞赛项目，竞赛以后可以把优美奇妙的花纹汇编成册.

143

# 立体几何游戏

## 4.1 多面体模型

设在平行平面 $\rho$ 和 $\sigma$ 中,放着正四面体的对棱、立方体和正二十面体的相对顶点(且 $AB \perp \rho,CD \perp \rho$),以及正八面体和正十二面体的相对的面(图 4.1).

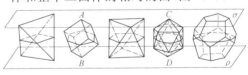

图 4.1

与平面 $\rho,\sigma$ 等距离的平行平面同这些正多面体的截口是一个正方形、两个正六边形和两个正十边形. 如果把每个正多面体制成分为两半的模型,且以活动轴将两部分连接,那么就得到既能看出截口形状,又能看清被"中截面"截得的两部分的模型.

在图 4.2 上,给出了半个正十二面体和半个正二十面体的表面展开图.

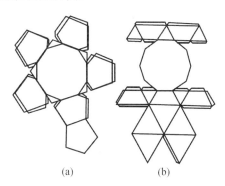

(a)　　　　　(b)

图 4.2

制作能表明一种正多面体变为另一种正多面体的"过程"的模型,也是很有趣味,很有教益的. 由图 4.3(a) 看出,向正八面体 $ABCDEF$ 的四个面上安上四个小正四面体,就可以补成一个大四面体. 同样,把正四面体 $KLMN$ 每个面上都贴一个同样的三棱锥 $KLMV$, $LMNT$,$KMNS$ 和 $KLNU$,就构成一个立方体. 把这四个棱锥沿 $MN$,$NL$ 和 $LM$ 安上活动轴,就得一个"外壳",把它"套"在正四面体 $KLMN$ 上,即得立方体(图 4.3(b)).

对于立方体,也可以给它安上六个同样的"小屋顶"$ABCDKL$,$ADEFMN$ 等,变为正十二面体(图 4.4(a)). 在图 4.4(b) 中,详细地画出了这种"屋顶"的展开图;三角形和梯形的钝角为 $108°$,而

$$b = \frac{a}{2\cos 36°} \approx 0.618a$$

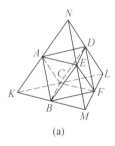

(a)

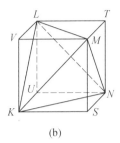

(b)

图 4.3

　　最后,由画在图 4.4(c) 中的十二面体贴制成外壳,可以把棱为 $a$ 的正十二面体变为外接于它的正二十面体. 每个小屋顶由一个边为 $a$ 的正五边形 $ABCDE$、五个侧边为 $b \approx 0.535a$ 的等腰三角形以及五个同样的四边形($EKSM, DMSL, \cdots$)围成. 其中, $EK = EM = b, KS = SM \approx 0.927a, \angle KEM = 120°$, $\angle EKS = \angle EMS = 90°$.

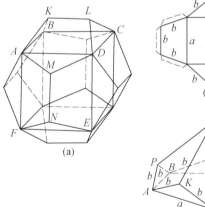

(a)

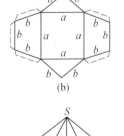

(b)

(c)

图 4.4

通过模型,还可以熟悉各种**拟柱体**,也就是这样一种凸多面体,它有两个面(称为**底面**)是位于平行平面内的任意多边形,其他面(称为**侧面**)为顶点分别与底面顶点重合的三角形或梯形.在图 4.5 上,拟柱体 Ⅰ 的一个底是三角形,一个底是四边形;拟柱体 Ⅱ 有一个底是"二角形"(线段)$QR$;而 Ⅲ 的底是全等的正 $n$ 边形,侧面是正三角形,两底中心连线 $O_1O_2$ 垂直于底面,且两底互相扭转 $\dfrac{\pi}{n}$ 角.我们称 Ⅲ 为**正似柱体**.

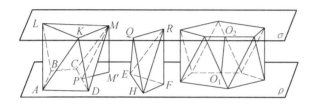

图 4.5

如果已知拟柱体在平面 $\rho$(或 $\sigma$)上的投影和高 $h$,就很容易作出它的展开图(图 4.6):底可直接由投影作出.为了作出侧面 $CDM$ 的真实形状,只需引 $M'P \perp$

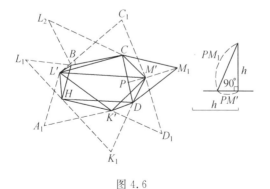

图 4.6

147

$CD$，并截取 $PM_1 = \sqrt{M'P^2 + h^2}$（图 4.5）. 类似确定与底 $ABCD$ 联结的其他侧面，以及与底 $KLM$ 联结的侧面的真实形状（在图 4.6 上以虚线画出）. 在剪裁时，应留出贴合余量.

试绘制几个非正和正（$n = 5, 6, 7, \cdots$）拟柱体的表面展开图并贴成模型.

如图 4.7，立方体可由三个同样的棱锥 $L\text{-}ABCD$，$L\text{-}MNCD$，$L\text{-}AKND$ 构成，由此无需用棱锥体积公式即可知底面为边长等于 $a$ 的正方形，一条侧棱（长为 $a$）垂直于底面的四棱锥体积等于 $\dfrac{a^3}{3}$.

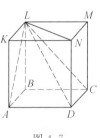

图 4.7

把立方体绕对角线 $LD$ 旋转 $120°$ 和 $240°$，棱锥 $L\text{-}ABCD$，$L\text{-}NMCD$，$L\text{-}AKND$ 互相转换.

试作一个能拆卸的立方体模型，其中第一、二棱锥沿 $LC$ 以活动轴联结，第二、三棱锥则沿 $LA$ 以活动轴联结.

如果空间排满了立方体，每两个相邻立方体有一个公共面，且设想把它们相间地染上黑色或白色，那么通过黑立方体 $ABCDKLMN$（图 4.8）的每条棱作一个平面，且同时通过相邻的白立方体中心 $O_1, O_2$（如平面 $O_1KN$），我们就把每个白立方体分成了 6 个同样的棱锥.

如果把每个黑立方体与同它相邻的白棱锥结合起来，即知空间将排满所谓**斜方十二面体**.

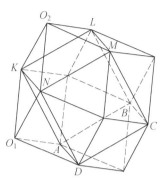

图 4.8

斜方十二面体有八个三面角和六个四面角,每个面都是菱形,菱形对角线之比为 $1:\sqrt{2}$.试证:过 $\triangle O_1KN$ 和 $\triangle KO_2N$ 的平面必重合.

试制作五六个同样的斜方十二面体,以验证它们能很好地相互配合.

如果立方体 $AM$(图 4.9)被过它的中心而平行于它的面的平面分为 6 个小立方体,且由每个小立方体上截去与大立方体的顶点所对应的那一半(如与顶点 $N$ 对应的是七面体 $NXYZPQRSTU$),这样,由原立方体余下的多面体带有 6 个正方形面和 8 个正六边形面,且正好是由 8 个以大立方体中心为公共顶点的"半立方体"所构成.

同样的多面体也可以由点 $N$ 周围的 8 个"半立方体"构成.因此,如图 4.9 所示的十四面体可以无空隙地排满整个空间.只要实际粘合五个具有同样棱长的这种多面体,就可看清这一点.用薄板剪出四个正三角形,并以活动轴分别沿直线 $AB$,$CD$ 连成两对,然后展开放在平面上(图 4.10(a)).如果把所得菱形用一

149

根穿过孔 $M$ 和 $L$,$V$ 和 $U$,$S$ 和 $R$,$P$ 和 $Q$ 的猴皮筋 $ONMLKVUTSROPQ$ 拉紧,那么当猴皮筋缩短时,平面图形将变成图 4.10(b) 的正四面体(点 $U$ 和 $V$ 位于 $\triangle ABC$ 中位线上等).

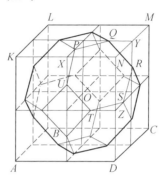

图 4.9

为了得到正二十面体的折叠式模型,只需把由薄板剪制的 6 个正五边形,应用 5 个活动轴把其中 5 个与中心的一个 $ABCDE$ 相联结,成为一个"玫瑰花形"(图 4.10(c)),再重上一个中心五边形为 $PQRST$ 的同样玫瑰花形,且按图 4.10 所示穿上 20 孔,穿一条拉紧的猴皮筋就行了.

**思考题**

过立方体 12 条棱的每条作一个平面与相应的面张成同样的二面角,就得到一个斜方十二面体(图 4.8).过斜方十二面体的 24 条棱中的每一条作平面与相应面张成同样二面角,我们将得到一个外接于斜方十二面体的多面体 $S_1$;然后由 $S_1$ 用同样方法得到 $S_2$,再由 $S_2$ 得 $S_3$,等等.试确定 $S_1$ 和 $S_2$ 的面的形状并制作模型.

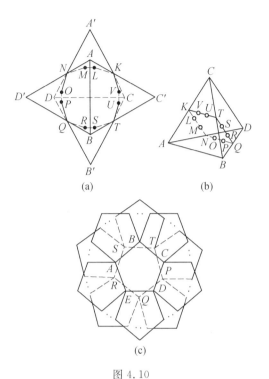

图 4.10

如果不以立方体而是以其他多面体（正十二面体，正五棱拟柱体等）为初始多面体，也可研究类似问题. 如果取正四面体或正八面体为初始多面体，我们将得到什么[71]？

## 4.2　纸条和纸片的游戏

在一块三角形纸片上，通过实际演示，不用任何绘图仪器就可以证明，三角形的三条角平分线（三条中线、三条高、三边中垂线）必交于一点.

事实上,只要把纸片适当折叠,上述任何一种线都易于"作"出. 如果 $\triangle ABC$ 是钝角三角形,为了得到其外接圆圆心,只需取形如 $AKLBC$(图 4.11(a)) 的纸片,而为了得到垂心,只需取包含了边 $AC$ 与 $BC$ 的设想的(折出的)延长线 $CA'$ 和 $CB'$ 的形如 $ABDE$ 的纸片.

也可以简单地"证明"三角形内角和定理(图4.11(b)).

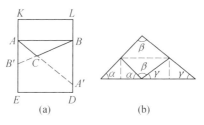

图 4.11

还可以近似地(不用绘图仪器)分任意角 $\angle ABC$ 为三等分,为此,只需沿过角顶点的直线 $BK$ 折叠纸片,使 $\angle KBA'$ 等于 $\angle A'BC$(图 4.12). 当有一些经验以后,这种"目测"可以很精确.

图 4.12

### 4.2.1 正多边形

如果有带平行边的纸条 $ABCD$(图 4.13(a)),且 $\angle ABC = 90°$,那么沿直线 $BK$,$KL$,$LM$,$MN$,$\cdots$ 折叠,最后一个"不完整的三角形",可作正三角形"信封"的封口.

如果将上面的"信封"沿直线 $BK$,$KL$,$\cdots$"半展

开",由此易于叠成各种正拟柱体侧面(见 4.1 节).

把带平行边的纸条"系"一个死扣(图 4.13(b)),仔细拉紧、压平,即可得一个正五边形 *KLMEF*(图 4.13(c))(试证明). 如果继续把纸条 *EFGD* 沿直线 *EF* 折叠,从梯形 *KLMF* 下面穿过,就得到正五边形"信封". 当对光透视这"信封"时,如果它是由不太厚的纸叠成的,那么在"信封"中央就显现出一个暗色的五角星.

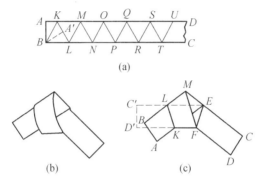

图 4.13

沿着直线 $KL$($\angle AKL = \dfrac{4\pi}{7}$)折叠足够长的纸条 *ABCD*,就可以得到正七边形的前 3 个顶点 $K, L,$ $M$(在图 4.14 上,还需向"曲线边"*CD* 所示的一边大大延长纸条,然后是"曲线边"$C_1 D_1, \cdots$). 然后,依次沿直线 $MN$(需使 $NC_2$ 过点 $K$),沿直线 $KP$(需使 $PD_3$ 过点 $N$),沿直线 $NQ$(使 $QC_4$ 过点 $P$),沿直线 $PR$(使 $RD_5$ 过点 $Q$ 而 $PC_5$ 过点 $L$),最后,沿直线 $QL$ 折叠纸条(其结果,纸条边缘应当过点 $M$ 和 $R$),我们就得到正七边形 $MNQLKPR$,而当对光透视它时,就看出一个七角星.

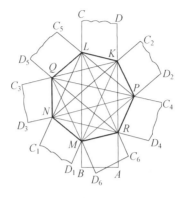

图 4.14

### 4.2.2 麦比乌斯带

把一个纸条的首端 $AB$ 和尾端 $CD$ 拉在一起稍微"扭转"(使 $C$ 同 $B$,$D$ 同点 $A$ 结合),并按扭转后的位置把首尾粘结(图 4.15),就得到一个所谓的麦比乌斯带.这是一个单侧曲面,不可能在它面上染上不同颜色:从它的某点开始染某种颜色,并逐渐向远处扩展,我们不知不觉地就沿纸的反面回到出发点.

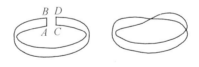

图 4.15

当沿着距纸条两边等远的一条线把它剪开,它不会被分为两部分,而是"扭了一个整圈的环";这时,如果再把它沿"中线"剪开时,将得到两个扭转二次而且奇怪地套在一块的纸环.用这种能"再生"的麦比乌斯带来要魔术,可以紧紧地吸引没有经验的观众.

建议数学爱好者系统地研究麦比乌斯带的性质, 可以多次扭转纸条再粘结,沿着平行于边的三等分线剪开等.

### 4.2.3　构造正二十面体

取一块宽 $10 \sim 12$ cm 的厚纸板,按图 4.13(a) 折叠,并剪出几个等边三角形,其中每个易于用"目测"分为(要相当精确)16 个等边三角形:首先沿中线 $M'K'$,$K'L'$,$L'M'$ 折叠(只要 $L$ 同边 $KM$ 中点 $L'$ 重合,把纸沿 $M'K'$ 压平 …).然后沿 $PQ$,$RS$,$TQ$,… 折叠(图 4.16) 即可.

图 4.16

如果沿线段 $PH$,$FS$,$TI$ 剪成小口,把菱形 $PLQH$ 沿逆时针方向转动,使 $\triangle HQP$ 转到 $\triangle HM'P$ 的下边,且沿对角线 $PQ$ 对折菱形使顶点 $L$ 同点 $H$ 重合,我们就得到顶点为 $H$ 的五面角(要扣紧折叠的 $\triangle PQL$,粘好).类似作出顶点为 $I$,$F$ 的五面角,就得到正二十面体模型表面的一半.应用四五个这种一半模型相互"套紧",使每两个相邻的模型具有四个公共面,就得到一个相当结实的正二十面体模型.

读者能否应用几个宽度一样的纸板,把它们割分为等边三角形(图 4.13(a))而制作正四面体,正八面体和正二十面体的结实模型? 也可由几块纸板拼制正十二面体模型,其中每一块是由紧密连接的若干正五边形组成(图 4.13(c)).

# 4.3 四色问题

假设我们要给平面或球面上的若干区域(如世界分国地图)着色,使任何两个相邻(即至少有一小段公共边界的)区域颜色不同.只有一个或几个公共点的区域,不算相邻的.

经验表明,要这样做最多用四种颜色就够了.但对水面,也要看作单个的区域.也许,由于前几个区域颜色没有搭配好,似乎就需要第 5 种颜色(如为了给图 4.17(a) 所示区域着色,其中数字表示颜色号码),但总可以改换前几个区域的染法,而只用四种颜色就行了(图 4.17(b)).

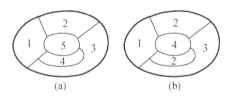

图 4.17

但到目前为止尚未严格证明①,不可能这样来划分平面或球面为若干区域,使得对染色的所有方案,都必须用第五种颜色(而这就是四色问题),虽然已经

---

① 1976 年美国数学家阿佩尔和黑肯,应用电子计算机花了1200 h,分析了2000 多个具体图形,给出了证明,但我们还期待着简练的证明.

证明,五种颜色总是可以用上去的.

有趣的是,圆环曲面(图 4.18(a))甚至于可分为七个区域,每个区域都与其他区域交界.这样,要给环面着色(在一般情形下),少于七种颜色是不行的.但已证明,不可能将环面这样划分,使染色的所有方案,都必须用八种颜色.

容易验证,在空间区域的情况下,事情完全是另一个样子,即可以随便取多少个这种区域,使其中任一区域都与其余每个区域有某种形状的一块曲面作为公共边界.而只要取两排长方木,按不同方向摆放(图 4.18(b)),并把每两个同号码方木加以连接就行了.

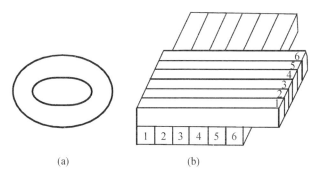

(a)　　　　　　　　(b)

图 4.18

我们提几个同四色问题有关的题目:

(1)粘制一个同环体拓扑等价[①]的立体的模型(图 4.19),试分它的表面为七个区域,使每个同另外六个有共同边界.

---

①　如果通过某种弹性变形使其中一个图形与另一图形重合,那么称它们为拓扑等价(可参看阿诺德著,王阿维译的《初等拓扑的直观概念》,人民出版社,1980,4).

（2）在一个院子里有座高"桥"，试分这整个院子（包括桥面和背面）为七个区域，使每两个区域相邻（可参看图 4.20 的模型图）.

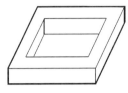

图 4.19          图 4.20

（3）证明[72]：任意多条直线分平面为若干区域，为了给这些区域着色，只要两种颜色. 当以任意多个平面划分空间时又如何？

（4）证明[73]：存在 8 个四面体（不必是正的），它们可以这样放在空间，使每两个都有一块表面（不能退化为一条线或一点）作为公共边界.

（5）图 4.21 中的小岛可划分为 6 个部分，而分配给五个国家，使任何两国都有相邻的管辖区. 如果要求同一国的管辖区需染同样颜色，那么难免要使用五种颜色.

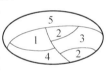

图 4.21

当 $m = 6, 7, 8, 9, \cdots$ 时，求小岛的最小分区数 $n$，使得若把这 $n$ 个区域分配给 $m$ 个国家，任意两国有相邻的管辖区. 你能求出一个形如 $n_{\min} = f(m)$ 的公式吗？反过来，当 $n = 7, 8, \cdots$ 时，$m_{\max}$ 为多少？

## 4.4   一 笔 画

在笔不离纸且同一条线不画多于一次的条件下，一笔可以画出相当复杂的图形（图 4.22(a)），这种图

形由一系列的"结点"和联结它们的"弧"组成,但往往不能画出表面看来十分简单的图形(图 4.22(b)).

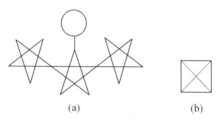

(a)　　　　　(b)

图 4.22

如果从一个结点引出 $K$ 条弧,我们就说它是 $K$ 阶的结点,或说是"$K-$结点".例如图 4.22(a)上有 2 个 3 阶结点,17 个 4 阶结点.显然,弧中间的任何点都可看作 2 阶结点.用笔画一个图,我们将区分**起点**、**终点**和**中间结点**.

**定理 4.1**　如果图形可以一笔画出,那么它的任何奇数阶结点不可能是中间结点.

这是由于如果通过一个结点 $m$ 次,那么走了 $2m$ 条弧,这结点必为偶数阶的;如果为 $2m+1$ 阶,那么剩下的那条弧只能作为出去或回来的路.

由定理 4.1 推出,如果一个图形的奇数阶结点多于两个,就不可能一笔画出;图 4.22(b)不能一笔画出,就是由于它有 4 个"3 - 结点".

下面看看欧拉七桥问题:有联结了两个岛屿 $A,B$ 及河岸 $C,D$ 的七座小桥,能否不重复地一次通过每座桥(图 4.23(a))?

以点表示河岸和岛屿.以点间的连线表示桥,欧拉问题就归结为一笔画出图 4.23(b)的问题,然而这是不可能的,因为它有四个奇阶结点.

试证[74]:任何图形奇阶结点个数必为偶数.

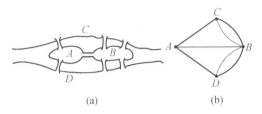

图 4.23

如果由一个图形的任意一个结点到任意的另一结点都有这图形中的路(由若干条弧接成)可通,那么这图称为**连通的**.

可以证明,任何没有或有两个奇阶结点的连通图,均可一笔画出.

证明和寻求任意"可一笔画出的"图形的画法的基本想法是,当图形未走遍时,总可找到已走过和未走过弧的公共结点,于是把由未走过的弧构成的以这公共结点为起点和终点的封闭路添到走过的路中去,就减少了未走过的弧.这过程一直进行到走遍所有弧为止.

如果规定:画图时,图形每条弧恰可通过两次(想象地用两条弧代替),那么每个结点的阶数加倍,任意连通图可一笔画出.这种"二重的"一笔画可以用塔利法则来画:第一次沿某条弧 $l$ 到达某一结点以后,当再回到这结点而要走出去时,应尽可能避免使用 $l$,直到通过此结点的所有其他弧都用过两次以后,再予使用.但应注意,由任一结点出发一条弧不能走两次(因为第二次走这弧应按相反方向).

在图 4.24 上用号码标出了按照塔利法则相继执行的 16 条路,其中"花式箭头"表示的是当按它走到一个结点时不立刻返回(除非通向这结点的弧均已走了两次).普通箭头则表示可以立刻返回,如第 5"步"可

代之以 $M$ 到 $D$ 的弧.

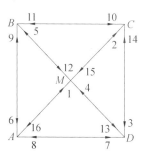

图 4.24

塔利法则可用来解有关的迷宫问题. 任一迷宫可以看作一些点(空场、房间、叉路口等) 的集合,在点间有线(小径、走廊等) 相连. 按照塔利法则,很容易解释通常"靠右行"(即总是靠右边的墙壁、栅栏走,进入右边的路口;也可以"靠左行") 的迷宫走法了.

## 4.5　哈密尔顿博弈

1857 年,英国数学家哈密尔顿提出一种博弈,名为"游览十二面体",就是遍历十二面体每个顶点,但只能沿棱走,且经过每个顶点不能多于一次(图4.25).

哈密尔顿博弈的问题之一是构造遍历全部 20 个顶点的封闭路线. 可以证明,由某一顶点至多走 5 步可以到达其他任何一个顶点,而走 20 步可回到出发点.

也可以提出,例如,在给定

图 4.25

了前三个和最后一个顶点的情况下遍历十二面体的路线数问题(与所给顶点位置有关,可能是 0 条、1 条、2 条、4 条或 6 条),或是给定了前两个及后两个顶点位置的遍历路线数问题. 在上述问题中,也可禁止进入若干顶点或禁用若干条棱.

还可考虑两人博弈,两人轮流画一条"折线道路",其中一人力求画出遍历全部 20 个顶点的路(不一定封闭),另一人则争取部分顶点不能通过(如折线 $SZYXNPDCRQ$). 画折线也可以通过轮流在相应顶点上放编号黑、白棋子来进行,如果用顶点上有小环的十二面体模型,博弈就更加有趣. 读者可以建立一方必胜的博弈理论.

也可以考虑"游览"其他多面体的问题. 有趣的是,按哈密尔顿博弈的规则,不可能遍历斜方十二面体的所有顶点(4.1 节). 因为斜方十二面体有 6 个四面角和 8 个三面角,而它的任意棱联结的是"不同类"的顶点.

如图 4.26 所示的空间图形中,存在着非封闭且不可能封闭的遍历路线(为什么)[75].

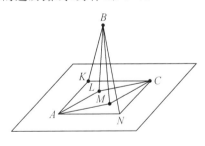

图 4.26

读者能否找到一个具有上述性质的多面体?

　　哈密尔顿还提出了另一种博弈, 就是"游览多面体的面", 且规定只有当两个面有公共边时, 可以从一个面走到另一个面.

　　建议读者验证[76], 正八面体或正二十面体上可画出第二类哈密尔顿博弈的路线图, 且分别与在正方体和正十二面体上画出的第一类哈密尔顿博弈路线没有什么区别.

# 4.6　点在平面和空间的排列

　　这类问题常常被"拟物化", 即以钱币、坚果或某种其他物体来代替点.

　　下面举出几个典型的这类排列问题:

　　(1)10 个钱币排成等边三角形的形状 (图 4.27(a)), 移动其中 3 个, 以重新排成等边 3 角形[77].

　　(2) 由图 4.27(b) 看出, 9 个钱币可以排成八列, 每列有 3 个钱币, 即可以指出 8 条直线, 每条直线上有某 3 个钱币.

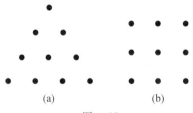

(a)　　　　　　(b)

图 4.27

　　试移动[78]2 个钱币, 使这 9 个钱币可以排为九列, 每列有 3 个钱币.

　　(3) 图 4.28 给出了 19 个钱币的两种实质上一样但表面看来差别很大的排列, 每列 5 个钱币, 一共九列.

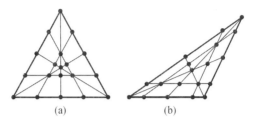

图 4.28

试把 19 个钱币排成十列,每列 5 个钱币[79].

可与别人比赛,把 $n$ 个点排成 $m$ 列,每列 $P$ 个点,使比值 $\dfrac{mP}{n}$ 尽可能大(为确定起见,应预先规定 $n$ 不超过某一个数 $n_0$).

试研究一个类似于构造幻方的问题. 例如,可否把 $1 \sim 19$ 的整数放在图 4.28(a) 所示的图式的结点上,使每条直线上的各数和相同.

(4)试在平面上摆[80]六个点,使任意三点成为某个等腰三角形顶点.

(5)试在空间中放[81]八个点,使以其中每三点为顶点的三角形(共 $C_8^3 = 56$ 个)都是等腰的.

试研究把 $n(n = 7, 8, 9, \cdots)$ 个点排列为图形的问题,使得以它们为顶点的 $C_n^3$ 个三角形中,有尽可能多的等腰三角形.也可以在空间(当 $n = 9, 10, 11, \cdots$)提出类似问题.

所有这些问题均可在 $m$ 维空间中研究,只要把 $m$ 维空间的点看作 $m$ 个实数的有序数组,而任意两点 $A(\alpha_1, \alpha_2, \cdots, \alpha_m)$ 与 $B(\beta_1, \beta_2, \cdots, \beta_m)$ 间距离的公式为

$$d = |AB| = \sqrt{(\alpha_1 - \beta_1)^2 + (\alpha_2 - \beta_2)^2 + \cdots + (\alpha_m - \beta_m)^2}$$

164

（6）应用题（5）中的距离公式证明[82]：四维空间的如下五点中每三点都构成正三角形：$O(0,0,0,0)$，$A(1,0,0,0)$，$B\left(\dfrac{1}{2},\dfrac{\sqrt{3}}{2},0,0\right)$，$C\left(\dfrac{1}{2},\dfrac{\sqrt{3}}{6},\dfrac{\sqrt{6}}{3},0\right)$ 和 $D\left(\dfrac{1}{2},\dfrac{\sqrt{3}}{6},\dfrac{\sqrt{6}}{12},\dfrac{\sqrt{10}}{4}\right)$.

在（三维）空间中能找到这样的五个点吗？

问题（2）和（3）归结为射影几何中有趣的构形问题. 所谓平面构形$(p_m,q_n)$是指由 $p$ 个点和 $q$ 条直线构成的组，其中每个点都有 $m$ 条直线通过，而且每条直线都通过 $n$ 个点（$p,q,m,n$ 都是已知的自然数）.

容易证明[83]，必有 $pm=qn$. 如果 $p=q$，而 $m=n$，那么，$(p_m,q_n)$，即$(p_m,p_m)$简记为$(p_m)$. 在图 4.29 上画出了几个构形：$(3_2),(6_2,4_3),(9_3),(9_3)$ 和 $(10_3)$. 有趣的是，例如，不存在构形$(7_3)$.

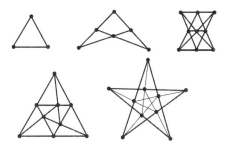

图 4.29

# 逻辑性问题与杂题

## 5.1　逻辑性问题

逻辑性问题值得注意,这不仅是因为它十分有趣,而且还是因为它对于培养学生的机敏、顽强以及善于抓住问题的"薄弱环节"而一举突破的能力是很有益的.

下面举几个典型的例子:

(1)学生们为做游戏分为两组:"认真组",其成员对问题的回答是正确的;"淘气组",其成员对问题的回答是错误的.

教师要打听谁分到了什么组.先问依万诺夫是哪一组,但没听清他的回答.就问与他同排的彼得洛夫和西特洛夫:"依万诺夫回答我的是什么?"彼得洛夫说:"依万诺夫说他是认真的人."

西特洛夫却说:"依万诺夫说他是淘气的人."彼得洛夫和西特洛夫是怎样的人?[84]

（2）六个中学生参加星期日义务劳动,分成三组.组长是:瓦佳、别佳和瓦夏.瓦佳同米莎锯两米长的圆木,别佳同哥斯佳锯一米半的圆木,而瓦夏同阿辽莎锯一米长的圆木,全锯成半米一节.

后来从墙报上得知,组长拉甫略夫[①]同劳日科夫锯出 26 节,组长卡尔金同科姆科夫锯出 27 节,组长科兹洛夫同依夫达吉莫夫锯出 28 节,科姆科夫叫什么名字?[85]

（3）三个好友安德烈、巴里斯和瓦吉木光着头坐成一列(图 5.1),且巴里斯和瓦吉木不许回头看,但后边人可以看见前边人的头.

图 5.1

由装有两顶白帽与三顶黑帽(三人都知道)的袋子中,每人摸一顶(他自己)不知颜色的帽子戴上,而剩在袋子中的两顶(所有人)都不知颜色.

安德烈宣称,他不可能确定自己所戴帽子的颜色.巴里斯听了以后说,他也确定不了自己所戴帽子

---

① 本段中说的是学生们的姓.

的颜色.瓦吉木能否根据他们的回答来确定自己头上帽子的颜色[86]?

为了解决有些问题,需要分析大量的,但有时好像同要求的东西无关的材料.例如:

(4)在一场自行车比赛中,有五个中学生参加,比赛后有五个拉拉队员说:

① 赛列日取得第二名,而柯利亚第三;

② 那佳第三,而多利亚第五;

③ 多利亚第一,那佳第二;.

④ 赛列日第二,瓦尼亚第四;

⑤ 柯利亚第一,而瓦尼亚第四.

已知每个拉拉队员说对了一个,说错了一个,试排出正确的名次[87].

(5)16个大学生寒假后回列宁格勒.已知他们中有四个基辅人:$A,B,C$ 和 $D$;四个莫斯科人:$E,F,G$ 和 $H$;四个萨拉托夫人:$I,J,K$ 和 $L$;四个费尔干人:$M$, $N,O$ 和 $P$.

还知道:$A,E,I,M$ 刚满 20 岁;$B,F,J,N$ 刚满 21 岁;$C,G,K,O$ 是 22 岁,而 $D,H,L,P$ 是 23 岁.

他们中有四个数学系的、四个化学系的、四个地质系的和四个生物系的,且同系的四个学生均有不同的籍贯和年龄.

又知其中一、二、三、四年级学生各四人,且任何同年级生有不同籍贯和年龄,在不同的系.

最后,他们中足球爱好者、拳击家、排球迷和象棋选手各四人,且同种运动员的籍贯、年龄、所在的系和年级都不同.

试查明每个大学生的专业、年级和爱好何种运

动.条件是已知：$I$— 排球迷，$F$— 足球爱好者，$C$— 生物系学生，$D$— 数学系一年级学生、象棋选手，$G$— 化学系二年级学生、象棋选手，$J$— 地质系三年级学生、象棋选手.

为明显起见，可列成一张表（表 5.1）.

表 5.1

| 年龄<br>籍贯 | 20 岁 | 21 岁 | 22 岁 | 23 岁 |
|---|---|---|---|---|
| 基辅 | $A$ | $B$ | $C$ 生 | $D$ 数一象 |
| 莫斯科 | $E$ | $F$ 足 | $G$ 化二象 | $H$ |
| 萨拉托夫 | $I$ 排 | $J$ 地三象 | $K$ | $L$ |
| 费尔干 | $M$ | $N$ | $O$ | $P$ |

在每个大学生格中，依次填写：系、年级、爱好的运动.表 5.1 中已填了已知的项目.

试填写表中空出的各项目[88].

像恢复算式中抹掉的数字或求出代替数字的字母的值等，也可算作逻辑性问题.解答这种问题将促进逻辑思维的发展，而编制这种类型的新问题又是"创造性游戏"的好题材.

下面举四个例子[89]：

① 恢复如下算式中抹掉的数字.

② 求下列算式中各字母的值.

$$
\begin{array}{r}
смех \\
+\ гром \\
\hline
греми
\end{array}
\qquad
\begin{array}{r}
forty \\
ten \\
+\ ten \\
\hline
sixty
\end{array}
$$

(同一算式中相同字母表示相同值,不同字母表示不同的值.)

这类问题属于"算术字谜". 取某一词,如"трудолюбие"(勤劳)作为"谜底",依次以 1,2,3,4,5,6,7,8,9,0 代替它的字母,且转译为 240176 除以 119 的运算

$$
\begin{array}{r}
(1)\ 2 \\
\overbrace{\quad}\ \overbrace{\quad} \\
рет \\
\hline
тти\overline{)рдетюл}
\end{array}
$$

$$
(1)\left\{
\begin{array}{l}
руб \\
\hline
ртю
\end{array}
\right.
$$

$$
(2)\left\{
\begin{array}{l}
тти \\
\hline
ибл
\end{array}
\right.
$$

要求破译的人根据算式确定字母的值(即字母在谜底词中的位置号码),从而"猜出"谜底词.

为此,由(1):р·тти=руб,可见 р·т≤р,即 т=1;且显然第二位商 е=0.其次,由于 рмю−тти 是两位数,所以 р−т=1,р=2.再由 руб+р=рде 及 е=0 推出 б=8.其他也就不难确定了.

### 5.1.1 摆渡难题

三个商人 $A,B,C$ 和他们相应的仆人 $a,b,c$,想用一条能坐两人的小船渡河,但规定任何一个仆人如无自己主人在场,就不能和其他商人在一起.

表 5.2 给出了一个可能的解.

表 5.2

| 过河（顺航） | $ab$ | $bc$ | $AB$ | $BC$ | $ab$ | $ac$ |
|---|---|---|---|---|---|---|
| 返回 | | $b$ | $c$ | $Bb$ | $a$ | $a$ |

如果有 $n$ 个各带仆人的商人,那么对 $n=4,5$,仍用最多能坐两人的小船,问题不可解.改用最多可坐三人的小船,问题可解.

建议读者证明,完成渡河:①$n=2$(用二乘客船)时,要做 3 次"顺航";②$n=4$(三乘客船)时,要做 5 次"顺航";③$n=5$(三乘客船)时要做 6 次"顺航"[90].

对于 $n=6$,三乘客船看来是不适用的,但显然,对任意 $n$ 值,四乘客船总是适用.

如果设有一个岛,渡河时在岛上暂留,那么使用二乘客船,对任何 $n$ 值问题可解.

### 5.1.2　钱币辨伪

这种问题,在最简单的情况下,是要求通过在天平上(不用砝码)称量 $k$ 次,从一堆共 $n=3^k$ 个钱币中,查出唯一的一个(较轻的)假钱币.

这时,只需分钱币为三堆,每堆 $3^{k-1}$ 个,而把任意两堆放在天平的盘里去称,则立刻可找出假钱币所在的堆,这时总数降为 $3^{k-1}$ 个;对这一堆按同法行事,总数降为 $3^{k-2}$ 个;等等.

如果不知假钱币较轻还是较重,问题就更为困难.下面举例说明一种可能的解法.

在 12 个钱币中有 1 个假的,试通过三次称量找出这假钱币,并确定它比真的轻还是比真的重.

将钱币按 $1 \sim 12$ 编号,每次称量时每个天平盘放 4 个钱币,结果共有表 5.3 所示的 24 种搭配情况.

表 5.3

| 称次 | 钱币 左盘 | 钱币 右盘 | 可能的称量结果 ($Z$ 为左盘重,$q$ 为右盘重,$p$ 为两盘同重) |
|---|---|---|---|
| | | | ①②③④⑤⑥⑦⑧⑨⑩⑪⑫⑬⑭⑮⑯⑰⑱⑲⑳㉑㉒㉓㉔ |
| 1 | 1,2,3,4 | 5,6,7,8 | q q q q z z z z p p p p z z z z q q q q p p p p |
| 2 | 1,2,3,5 | 4,9,10,11 | q q q z q p p p z z z p z z z q z p p p q q q p |
| 3 | 1,6,9,12 | 2,5,7,10 | q z p p z q z p q z p q z q p p q z p q z q p z |
| 假钱币号 ⎰轻 | | | 1 2 3 4 5 6 7 8 9 10 11 12 |
| 　　　　　⎱重 | | | 1 2 3 4 5 6 7 8 9 10 11 12 |

而最后两行指出了对应于每种搭配情况的假币的轻重和号码.

与钱币有关的问题现在有多方面的推广,并提供了期待建立完整理论的数学游戏的一例.

为多样化起见,可以使用 $m$ 个盘的"天平"(图 5.2 中 $m=4$),它一次称量可以确定(根据结点 $A$ 的位置)$m$ 组钱币中,哪一组轻(或重).

图 5.2

### 5.1.3 分溶液问题

先考虑由舒克(1484 年)和塔尔塔利(1586 年)先后提出的一个问题(在稍微不同的形式下):在能盛 8 L

的容器中装满酒. 如果可以使用容积为 5 L 和 3 L 的两个空容器, 应怎样从中倒出 4 L 酒?

第一种解法: 假设先往中等容器里倒 5 L, 再由中等容器向小容器倒 3 L, … 表述如下: $8,0,0 \to 3,5,0 \to 3,2,3 \to 6,2,0 \to 6,0,2 \to 1,5,2 \to 1,4,3 \to 4,4,0$.

由此看出, 从大容器中每次都是把液体**倒入空的中容器**(把它倒满), 然后**倒回等于小容器容积的那一部分**.

第二种解法: 先倒入小容器, 表述如下: $8,0,0 \to 5,0,3 \to 5,3,0 \to 2,3,3 \to 2,5,1 \to 7,0,1 \to 7,1,0 \to 4,1,3 \to 4,4,0$.

一般地, 以 $a,b,c$ ($a$ 为偶数, $a > b > c$, 自然有 $b+c \geqslant \dfrac{a}{2}$) 分别表示三个容器的容积, 那么对互素的 $b$ 和 $c$ 以及对于 $a \geqslant b+c-1$, 两种方法皆可达到目的, 且由解法推出有正整数解的方程

$$a - bx + cy = \frac{a}{2}$$

及

$$a - cu + bv = \frac{a}{2}$$

它们分别对应于第一和第二种解法(见 1.4 节).

然而, 对 $a = b+c-2$ 的情况, 易见有一种方法不再适用(因若按第一种解法会出现状态 $(b-1,0,c-1)$, 就不能由大容器倒满中容器, 也不能由小容器向大容器倒 $c$ L), 但这时另一种解法必定可达到目的. 例如, 对 $a = 20, b = 13, c = 19$, 就可按第二种解法分出 10 L[91].

对于 $a < b+c-2$, 看来问题是不可解的, 读者可以 $a = 16, b = 12, c = 7$ 为例加以检验[92].

## 5.2 杂 题

这一节我们汇集了来自不同数学分支的问题, 有的可为广泛的读者所接受, 另一些则适于预备知识较多的人阅读, 还有的可以作为读者进行独立研究的题目.

### 5.2.1 公式的几何推导

$$1^2 + 2^2 + 3^2 + \cdots + (n-1)^2 + n^2 = \frac{n(n+1)(2n+1)}{6}$$

设自下而上分别把 $n^2, (n-1)^2, \cdots, 3^2, 2^2, 1^2$ 个单位立方体摆放 $n$ 层(图 5.3 中, $n=5$), 构成立方体垛. 这个垛的外接棱锥 $O\text{-}ADBC$ 中, $OA = OB = OC = n+1$(其体积为 $\frac{(n+1)^3}{3}$), 我们得到所有立方体体积的和

$$1^2 + 2^2 + 3^2 + \cdots + (n-1)^2 + n^2$$

$$= \frac{(n+1)^3}{3} - [n + (n-1) + \cdots + 3 + 2 + 1] -$$

$$(n+1) \cdot \frac{1}{3}$$

$$= \frac{(n+1)^3}{3} - \frac{n(n+1)}{2} - \frac{n+1}{3}$$

$$= \frac{n(n+1)(2n+1)}{6}$$

这里, 方括号中的表达式等于棱柱 $AFH - EQP$(体积 $= \frac{n}{2}$), $KPQ - BML$(体积 $= \frac{n}{2}$)各层类似棱

柱的体积之和;$(n+1) \cdot \dfrac{1}{3}$ 为各小棱锥(棱锥 $EPKDQ$ 等)的体积之和.

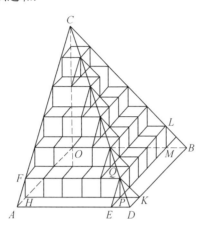

图 5.3

试用类似方法证明[93]

$$1^2 + 3^2 + 5^2 + 7^2 + \cdots + (2n-3)^2 + (2n-1)^2$$
$$= \dfrac{n(4n^2-1)}{3}$$

## 5.2.2　发展"几何直观"的题目

下面几个问题都适用于进行所谓"谁最快"的比赛,而关键在于找到一种"系统的"计数方法.

(1) 在图 5.4 上,可以看出多少个三角形、正方形和矩形[94]?

(2) 在图 5.5 上确定三角形个数[95].

(3) 在图 5.6 上,有多少个三角形、正六边形和菱形[96]?

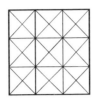  

图 5.4          图 5.5          图 5.6

（4）在通常的象棋盘上，可以看出多少个正方形、矩形？在"$n^2$—格棋盘"上呢？在"$m×n$—格棋盘"上呢？

应用平行于棱长为 10 cm 的立方体各个面，而过各棱的十等分点的平面截立方体，可从中看出多少个立方体和长方体[97]？

（5）如果沿直的、弯的和折线形的小路走（图5.7），而且开头和结尾的字母"щ"不重合，有多少种方法读出词"щалащ（棚子）"[98]？

还可以提出一种从任意多边形（由复杂的非凸折线围成的，如图 5.8 所示）引出的游戏：在图 5.8 上任意取定一点，试尽快地说出它在多边形内部还是外部.

图 5.7                图 5.8

### 5.2.3　有趣的恒等式

（1）容易验证：$(3s^{2n}-2s^n-1)^2+(4s^{2n}+4s^n)^2=(5s^{2n}+2s^n+1)^2$，因此，按公式

$$a_n=3s^{2n}-2s^n-1$$
$$b_n=4s^{2n}+4s^n$$
$$c_n=5s^{2n}+2s^n+1$$

（其中 $s,n$ 为自然数，$s>1$）可得到很多勾股数组. 边为 $a_n,b_n,c_n$ 的直角三角形，当 $n$ 充分大时，其内角同边为 3,4,5 的三角形的对应角之差可以任意小，因为

$$\lim_{n\to\infty}\frac{a_n}{b_n}=\lim_{n\to\infty}\frac{3s^{2n}-2s^n-1}{4s^{2n}+4s^n}$$

$$=\lim_{n\to\infty}\frac{3-\dfrac{2}{s^n}-\dfrac{1}{s^{2n}}}{4+\dfrac{1}{s^n}}=\frac{3}{4}$$

试求一个类似的恒等式，以导出一个同边为 5,12,13 的三角形"几乎相似"的整边直角三角形.

（2）试求一个恒等式，表示任意两个"冗长"的多项式之积等于一个项数不多的多项式. 例如

$$\left(x^8-4x^7+8x^6-10x^5+8x^4-4x^3+2x^2-x+\frac{1}{4}\right)\cdot$$

$$\left(x^8+4x^7+8x^6+10x^5+8x^4+4x^3+2x^2+x+\frac{1}{4}\right)=$$

$$x^{16}+\frac{17}{2}x^8+\frac{1}{16}$$

（3）恒等式 $\dfrac{a^3+b^3}{a^3+(a-b)^3}=\dfrac{a+b}{a+(a-b)}$（试验证）可以用来进行"非法约分"，而得到正确的结果，如

$$\frac{37^3+13^3}{37^3+24^3}=\frac{37+13}{37+24}=\frac{50}{61}$$

177

你能否找到一个类似的恒等式,使其中分子和分母可以"约去"4 次幂指数?

(4) 对于正有理数 $m$,恒等式

$$\frac{\lg\left(\frac{m+1}{m}\right)^m}{\lg\left(\frac{m+1}{m}\right)^{m+1}} = \frac{\left(\frac{m+1}{m}\right)^m}{\left(\frac{m+1}{m}\right)^{m+1}}$$

(试验证)表明,有时"非法约去"对数符号:$\frac{\lg a}{\lg b} = \frac{a}{b}$,可以得到正确结果,如

$$\frac{\lg\frac{9}{4}}{\lg\frac{27}{8}} = \frac{\frac{9}{4}}{\frac{27}{8}} \ (m=2)$$

(5) 由恒等式 $\sqrt[n]{a + \frac{a}{a^n - 1}} = a\sqrt[n]{\frac{a}{a^n - 1}}$ 可推出一系列奇异的等式,如

$$\sqrt[3]{2\frac{2}{7}} = 2\sqrt[3]{\frac{2}{7}}$$

$$\sqrt[4]{5\frac{5}{624}} = 5\sqrt[4]{\frac{5}{624}}$$

$$\sqrt[5]{2\frac{2}{31}} = 2\sqrt[5]{\frac{2}{31}}$$

等等.

(6) 先从恒等式

$$\sin\alpha + \sin 2\alpha + \cdots + \sin n\alpha = \frac{\sin\frac{(n+1)\alpha}{2}\sin\frac{n\alpha}{2}}{\sin\frac{\alpha}{2}} \ (99)$$

右边分式的分子分母中"约去"符号"sin",再从两边约去符号"sin",即得恒等式

$$\alpha + 2\alpha + \cdots + n\alpha = \dfrac{\dfrac{n+1}{2}\alpha \cdot \dfrac{n}{2}\alpha}{\dfrac{\alpha}{2}}$$

（试验证）.

（7）试证($^{100}$）：由恒等式

$$\left[3(10^k + 10^{k-1} + \cdots + 10 + 1)n + 1\right]^2$$
$$= n^2(10^{2k+1} + 10^{2k} + \cdots + 10^{k+1}) +$$
$$(6n - n^2)(10^k + 10^{k-1} + \cdots +$$
$$10 + 1) + 1$$

可导出两组有趣的数学等式：对 $n = 1, k = 1, 2, \cdots$，有 $34^2 = 1156, 334^2 = 111556, 3334^2 = 11115556, 33334^2 = 1111155556, \cdots$；对 $n = 2$ 和 $k = 1, 2, 3, 4, \cdots$，有 $67^2 = 4489, 667^2 = 444889, 6667^2 = 44448889, 66667^2 = 4444488889, \cdots$.

读者能否找到一个恒等式，它能导出在另外计数制中类似的两组数字等式？

### 5.2.4　视力错觉问题

试将两食指举在眼前，指尖相距 $30 \sim 50$ mm，并对齐，使得互为反向延长线，然后用两个眼睛透过指间空隙看远处的墙壁，这时，你将会觉得在指尖之间被一小节"香肠"挡住了，当你指尖稍一移动时，它会立即消失.

"香肠"的长度将比看到的指间空隙大些，如果两手伸出对应的几对手指相配合，还会增加"香肠"个数.

不难解释这个有趣的现象：我们右眼看不见被曲线 $ABC$ 和 $KLM$（图 5.9(a)(b)）围住的那一部分墙，

179

左眼则看不见墙上被曲线 $AB'C$ 和 $KL'M$ 围住的部分. 结果墙上我们看不到的部分合起来所构成的图形, 如图 5.9(a)(b) 上的阴影所示.

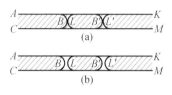

图 5.9

由于同样原因, 对于挖在尺寸为 $10 \times 15 \times 30 \text{ cm}^3$ 的小箱子 (图 5.10(a)) 的面 $KLMN$ 上的竖直窄缝, 如果我们从"去掉了面" $ABCD$ 的这一面用两眼看远处墙壁的话, 那么将会感到有两条平行的竖缝 (或一条宽的有间隔的竖缝).

如果面 $KLMN$ 上的竖缝用排成正方形的四个小圆孔代替, 而在面 $ABCD$ 处放上底片夹, 如果用这"暗箱"给光亮的小圆孔照相, 那么就得到"花瓣形"(图 5.10(b)), 其亮度随各区域标号的增大而减弱.

还可以用具有不同形状的断面的纸片 Ⅰ 和 Ⅱ (图 5.10(c)) 代替手指等, 中间的"香肠"也随之变成不同的形状.

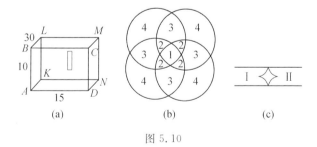

(a)                    (b)                    (c)

图 5.10

## 5.2.5　杂题

（1）一个杯子 $A$ 中有 $m\ \mathrm{cm}^3$ 水，另一杯子 $B$ 中有 $n\ \mathrm{cm}^3$ 酒精. 先从 $A$ 往 $B$ 中倒 $a\ \mathrm{cm}^3$ 水，均匀混合后再从 $B$ 向 $A$ 中倒入 $a\ \mathrm{cm}^3$ 酒精溶液，为简单起见，假设溶液体积等于溶质和溶剂体积之和. 试问往 $A$ 中倒了多少酒精？往 $B$ 中倒了多少水[101]？

（2）你的高祖父母的所有高祖父母①共多少人[102]？

（3）用一个能放大 4 倍的放大镜看 $15'$ 的角，将如何[103]？

（4）当所有商品的价格降低 $20\%$ 时，居民购买力增加百分之多少[104]？

（5）如果居民购买力第一次增加 $20\%$，第二次增加 $25\%$，总共增加了百分之几[105]？

（6）一昼夜时针与分针几次构成直角[106]？

（7）当柯利亚年龄像奥利亚现在那么大时，鲍利亚姑姑的年龄等于他们现在年龄之和，当鲍利亚姑姑像柯利亚那么大时，柯利亚几岁[107]？

（8）飞行员由点 $A$ 起飞，向南飞 $800\ \mathrm{km}$ 到达 $B$，转而向东飞 $800\ \mathrm{km}$ 到 $C$，他看到下边有一头熊. 如已知 $AB = AC$，熊是什么颜色[108]？

（9）$A$ 和 $B$ 共同贩卖一群牛，卖每头牛所得钱的元数，等于牛的头数. 将卖得的钱均分，他们轮流每次取 10 元，当 $A$ 最后多取了 10 元时，把他钱包中的零钱与

---

①　这里辈数的续法是：一个人 — $\dfrac{父}{母}$ — $祖\dfrac{父}{母}$ — $曾祖\dfrac{父}{母}$ — $高祖\dfrac{父}{母}$.

取剩的零头一块给 $B$ 就正好分完. 他钱包中零钱是多少[109]?

（10）三个人同各自的妻子一起走进商店, 每人都买了东西, 每人付款元数同买东西件数一样. 又知每位丈夫比自己妻子多花了 45 元. 尤利比奥利佳多花了 525 元, 罗金比尼娜多花了 13 元. 还有两人是阿列克山德尔和塔吉亚娜.

谁和谁是夫妻? 各买了多少件东西[110]?

（11）某人把钱分给儿童, 给第一个儿童 1 元及余下的 $\frac{1}{6}$; 给第二个儿童 2 元及两次余下的 $\frac{1}{6}$; 给第三个儿童 3 元及三次余下的 $\frac{1}{6}$, 以此类推.

全部 $S$ 元钱就这样平分给了儿童们, 试确定 $S$ 及儿童数.

本题奥妙就在于各儿童分的钱数一样, 据此就可得一组含有 $S$ 的**相容方程**, 且给出 $S=25$. 任何自然数平方都有类似性质[111]: 由 $n^2$ 分出 1 及余数的 $\frac{1}{n+1}$, 再分出 2 及余数的 $\frac{1}{n+1}$, …, 即得一系列相同结果. 读者能找到一组类似的数吗?

（12）巴维尔由 $M$ 走向 $N$, 同时格列布（与驾驶员尤利一块）乘摩托出发, 在走了一段路以后, 格列布下车步行, 尤利返回去接巴维尔, 带上他, 与格列布同时到达点 $N$. 已知 $MN=S$ km, 两人步行速度为 $u$ km/h, 摩托速度为 $v$ km/h, 求他们由 $M$ 到 $N$ 共用了多少时间[112].

推广: 如可设摩托（或两辆分别有速度 $v_1, v_2$）可

以同时带 $n$ 人，也可设一开始就带两人等. 试加以研究.

（13）有一件工作在 $4 \sim 5$ 点间开始，$7 \sim 8$ 点间结束，如在开始与结束时各交换时针与分针的位置. 时间的读数也对调.

试确定工作时间并证明，工作开始与结束时两针与竖直方向成相同的角[113].

（14）一昼夜之间时针和分针几次交换位置？达到这种位置时，有意义的读数如何？[114]

（15）试证：对每个自然数 $k$，数列 $1,2,3,\cdots,10^k - 1,10^k$ 中数码的总数等于数列 $1,2,3,\cdots,10^{k+1} - 1,10^{k+1}$ 中零的个数[115].

（16）试证：面积小于 $1\,cm^2$ 的任意形状的平面图形 $S$，可以放置在具有 $1\,cm^2$ 格的方格纸上而不盖住任何格点[116].

（17）能否引一条与已知直线 $l_1,l_2,l_3,l_4$ 都相交的直线（注意，这四条直线可能分布在空间）[117]？

（18）在直线 $l$ 与切于它的圆 $C_0$ 间插入一系列的圆：$C_1,C_2,C_3,\cdots$（图 5.11），使得 $C_{k+1}$ 同时切于圆 $C_k$，$C_0$ 和直线 $l$. 如已知圆 $C_0$ 的半径等于 $1\,km$，而圆 $C_1$ 的半径等于 $1\,mm$. 求 $C_{1000}$ 的半径[118].

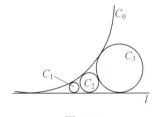

图 5.11

（19）试证：光线通过相互垂直的镜面连续三次反射后所成的射线，将平行于原入射线但方向相反[119].

（20）从六个面为镜面的长方体内一点，光线应向哪个方向射，才能使经过六个面反射后仍回到出发点[120]？

（21）飞行员驾机向南飞 2000 km，再向东飞 2000 km，再向北飞 2000 km，结果回到出发点.他是从哪儿起飞的[121]？（问题有许多解.）

（22）飞机由列宁格勒起飞，向北飞 $a$ km，再向东飞 $a$ km，再向南飞 $a$ km，结果到达列宁格勒东 $3a$ km，求 $a$[122].

（23）画在地面上的一个等边三角形，如果它的每个角都等于 72°，那么面积是多少？ 这里说的地面上的三角形是**球面三角形**，由通过三个顶点的大圆弧构成[123].

（24）试确定画在湖中理想的光滑冰（曲）面上边长为 1 公里的等边球面三角形的内角[124].

### 5.2.6　难题

（1）试证，由图 5.12(a) 的"编套"，不打开结套，可以变成图 5.12(b).

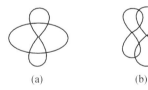

(a)　　　　　(b)

图 5.12

（2）怎样编结三个绳套，使得当剪开任何一个时，其他两个也自动分离而无需再剪？ 试对 $n$ 个绳套解决类似问题[125].

（3）如果稍微随便一点地解释词"在内"的意义，那么就可以解决如下有趣的问题：找三个完全一样的物体 $A,B,C$，使 $A$ 在 $B$ 内，$B$ 在 $C$ 内，$C$ 在 $A$ 内．三个稍长一点的矩形相互"插入"（图 5.13）就满足问题的条件．

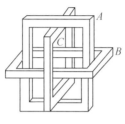

图 5.13

可以考虑 $n$ 个．设有 $n$ 条蛇摆成半径为 $R$ 的圆形，且每个都以同样的速度去"吞咽它前面的一个"（图 5.14(a) 中 $n=2$）．

当每条蛇都被吞掉一半时，就得到半径为 $\dfrac{R}{2}$ 的双层圆环（图5.14(b)）．当每条蛇都被吞掉 $99\%$ 时，半径为 $\dfrac{R}{100}$ 的圆环将由 100 层构成．试寻求类似的例子．

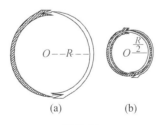

(a)　　　　(b)

图 5.14

（4）先把一条细绳打成如图 5.15(a) 的结，然后变为形如图 5.15(b) 的结，易证，如拉扯两端 $A$ 和 $B$，那么绳子最终将不会留下任何结.因此,当固定了端点 $A$ 和 $B$(图 5.15(c)) 时,可打成图 5.15(b) 形的结,试打一个看!

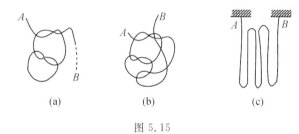

(a)                    (b)                    (c)

图 5.15

# 全书注释与问题解答

附

录

（¹）设 $0.\dot{a}_1a_2\cdots a_{s-1}\dot{a}_{s(K)} = \alpha, N = a_1\cdots a_{s(K)}$ 为循环节，则

$$\alpha = \frac{a_1}{K} + \frac{a_2}{K^2} + \cdots + \frac{a_s}{K^s} + \frac{a_1}{K^{s+1}} +$$

$$\frac{a_2}{K^{s+2}} + \cdots + \frac{a_s}{K^{2s}} + \cdots$$

$$= \frac{a_1 K^{s-1} + a_2 K^{s-2} + \cdots + a_s}{K^s} +$$

$$\frac{a_1 K^{s-1} + a_2 K^{s-2} + \cdots + a_s}{K^{2s}} + \cdots$$

$$= \frac{N}{K^s} + \frac{N}{K^{2s}} + \frac{N}{K^{3s}} + \cdots$$

$$= \frac{N}{K^s - 1} = \frac{N}{\underbrace{K-1\ K-1\cdots K-1}_{(K)}}$$

（²）以求 $K$ 进制下的 4 位数 $N = abcd$ 的平方根为例．设平方根第一数码为 $\alpha$，即

$$\alpha^2 \leqslant ab = aK + b < (\alpha+1)^2$$

$$\alpha \quad \cdots$$
$$\sqrt{\begin{array}{llll} a & b & c & d \\ -\alpha^2 \end{array}}$$
$$\overline{a'\ b'\ c\ d}$$
$$\cdots$$

那么 $N = abcd = \alpha^2 K^2 + a'b'cd$. 再求一最大数码 $\beta$, 使 $A(\alpha K + \beta)^2 = \alpha^2 K^2 + (2\alpha K + \beta)\beta \leqslant N$

$$(2\alpha K + \beta)\beta \leqslant N - \alpha^2 K^2 = a'b'cd$$

即把"前商"乘 $2K$, 补上 $\beta$ 再乘以 $\beta$ 不超过 $a'b'cd$, 这同十进制下开方法则是一样的.

$(3a)$ $2713 = 41323_{(5)} = 4133\overline{2}_{(5)} = 414\overline{2}\,\overline{2}_{(5)} = 1\overline{1}\overline{2}1\overline{2}\,\overline{2}_{(5)}$.

$(3b)$ 设 $N = abc_{(8)} = a \times 8^2 + b \times 8 + c$, 如 $a = \alpha_1\alpha_2\alpha_{3(2)}, b = \beta_1\beta_2\beta_{3(2)}, c = \gamma_1\gamma_2\gamma_{3(2)}$. 那么

$$N = (\alpha_1 \times 2^2 + \alpha_2 \times 2 + \alpha_3) \times 8^2 + (\beta_1 \times 2^2 + \beta_2 \times 2 + \beta_3) \times 8 + (\gamma_1 \times 2^2 + \gamma_2 \times 2 + \gamma_3)$$
$$= \alpha_1 \times 2^8 + \alpha_2 \times 2^7 + \alpha_3 \times 2^6 + \beta_1 \times 2^5 + \beta_2 \times 2^4 + \beta_3 \times 2^3 + \gamma_1 \times 2^2 + \gamma_2 \cdot 2 + \gamma_1$$
$$= \alpha_1\alpha_2\alpha_3\beta_1\beta_2\beta_3\gamma_1\gamma_2\gamma_{3(2)}$$

从右向左看即得所述法则.

$(4)$ 对任意 $K > 5$, 有 $123454321_{(K)} = 11111^2_{(K)}$.

$(5)$ 因 $N \leqslant 1000 < 2^{10}$, 所以把 $N$ 写为二进制数不会多于 10 个数码(每个数码为 0 或 1). 因而问 10 个问题:按二进制写出后第一数码是 1 吗? 第二数码是 1 吗? 等等. 即可确定此数.

$(6)$ 容易验证, 定理对 $s = 1, 2$ 正确. 设对 $s = n$ 定理成立. 由于满足条件 $2^n \leqslant m \leqslant 2^{n+1} - 1$ 的任意整数 $m$, 有 $m = 2^n + x, 0 \leqslant x \leqslant 2^n - 1$. 这 $2^n$ 个数 $2^n + x$ 都写在

标号为 $2^n$ 的卡片(第 $n+1$ 张)上. 对任一个数 $m=2^n+x$, 只有当 $1\leqslant x\leqslant 2^n-1$ 时, 才包含在前面的某张卡片上. 因此, 在前边已包含了 $2^{n-1}$ 个数(由归纳假设)的每张卡片上, 又添入 $2^{n-1}$ 个新数, 因此每张卡片包含 $2^{n-1}+2^{n-1}=2^n$ 个数.

$(^7)$ 已知 $n!=1\times 2\times 3\times\cdots\times(n-1)n$. 如果按顺序选择因数, 那么每走过 $p_1$ 个数, 就遇到一个 $p_1$ 的倍数, 所以 $p_1$ 的倍数共 $\left[\dfrac{n}{p_1}\right]$ 个; 但其中有 $\left[\dfrac{n}{p_1^2}\right]$ 个 $p_1^2$ 的倍数, $\left[\dfrac{n}{p_1^3}\right]$ 个 $p_1^3$ 的倍数, 等等. 因此, $n!$ 中恰为 $p_1$ 的 $1$ 次, $2$ 次, $3$ 次, $\cdots$ 整除的因式的个数分别为 $\left[\dfrac{n}{p_1}\right]-\left[\dfrac{n}{p_1^2}\right]$, $\left[\dfrac{n}{p_1^2}\right]-\left[\dfrac{n}{p_1^3}\right]$, $\left[\dfrac{n}{p_1^3}\right]-\left[\dfrac{n}{p_1^4}\right]$, $\cdots$. 故

$$\alpha=\left[\dfrac{n}{p_1}\right]-\left[\dfrac{n}{p_1^2}\right]+2\left\{\left[\dfrac{n}{p_1^2}\right]-\left[\dfrac{n}{p_1^3}\right]\right\}+$$

$$3\left(\left[\dfrac{n}{p_1^3}\right]-\left[\dfrac{n}{p_1^4}\right]\right)+\cdots$$

$$=\left[\dfrac{n}{p_1}\right]+\left[\dfrac{n}{p_1^2}\right]+\left[\dfrac{n}{p_1^3}\right]+\cdots$$

$(^8)N=2^{4561}-2^{2280}$, 这里被减数要比减数大成千上万倍. 因为 $\lg 2^{4561}=4561\times 0.301029996\approx 1372.997$, 所以 $2^{4561}$(因此 $N$ 也)包含 $1373$ 个数字.

$(^9)s(N)=(1+2+2^2+\cdots+2^a)[1+(2^{a+1}-1)]$

$$=\dfrac{2^{a+1}-1}{2-1}\times 2^{a+1}=2\times 2^a(2^{a+1}-1)$$

$$=2N$$

$(^{10})\left[\dfrac{1000}{7}\right]+\left[\dfrac{1000}{7^2}\right]+\left[\dfrac{1000}{7^3}\right]=164$, $\left[\dfrac{100}{7}\right]+$

$\left[\dfrac{100}{7^2}\right]=16$，因为分子 $=\dfrac{1000!}{100!}$，所以 $k=164-16=148$.

($^{11}$) 如果把两个 $s$ 位数 $N$ 接起来组成的 $2s$ 位数为完全平方数，那么：① $10^{s-1}\leqslant N<10^s$，②$(10^s+1)\times N$ 为完全平方数. 于是 $10^s+1$ 应能被某个整数的平方整除（否则满足 ② 的 $N$ 的最小值为 $10^s+1$，与 ① 矛盾）. 求 $10^s+1$ 能被 $p^2$ 整除的最小 $s$，就是求同余式 $10^s\equiv-1(\bmod\ p^2)$ 的最小根（见 1.3 节）.

例如，对 $p=11$，有 $10^2\equiv-21(\bmod\ 121),10^3\equiv-210\equiv32(\bmod\ 121)\cdots$ 一直算到 $s=11$，才有 $10^{11}\equiv120\equiv-1(\bmod\ 121)$. 显然，如果 $k$ 是任意自然数，则 $(10^{11}+1)\left(\dfrac{10^{11}+1}{11^2}k^2\right)$ 是完全平方数，而能使后一括号中的式子成为 11 位数的最小 $k=4$，因而这 11 位数为 13223140496.

另一方面，直接验算可知，不论 $p$ 为任何素数，$10^s\equiv-1(\bmod\ p^2)$ 的解 $s\geqslant11$，故结论得证.

($^{12}$) 如果 $\alpha\equiv\beta(\bmod\ m)$，那么 $\alpha^s\equiv\beta^s(\bmod\ m)$，因此 $a_s\alpha^s\equiv a_s\beta^s(\bmod\ m),s=0,1,\cdots,m$，两边相加即得欲证.

($^{13}$) 因为 $8^2\equiv-1(\bmod\ 5)$，按推导被 7 整除判别准则的同样推理，可知在八进制下写出的数 $N$，如二位分段代数和能被 5 整除，则 $N$ 也被 5 整除（反之亦然），为了求其他整除性判别准则，只需注意 $8^2\equiv-1(\bmod\ 13),5^2\equiv-1(\bmod\ 13),5^2\equiv1(\bmod\ 8),3\equiv1(\bmod\ 2),3\equiv-1(\bmod\ 4);3^3\equiv-1(\bmod\ 7)$.

($^{14}$) 只需求一个最小的正二位（或一位）数，与已知数关于模 100 同余. 例如 $293^{293}\equiv(-1)^{293}\equiv-7\times$

$49^{146} \equiv -7 \times 2401^{73} \equiv 93 \times 1^{73} = 93 \pmod{100}$，即末两个数字为 $9,3$.

（15）在数 $1,2,3,\cdots,p^k-1,p^k$ 中，$p$ 的倍数有 $p$，$2p,3p,\cdots,p^{k-1}p$，共 $p^{k-1}$ 个，其余 $p^k-p^{k-1}$ 个均与 $p$ 互素.

（16）如果 $\varphi(n)$ 除以 $z_0$ 得商 $q$ 和余数 $\gamma$，即 $\varphi(n)=qz_0+\gamma,0<\gamma<z_0$. 那么由 $k^{\varphi(n)}\equiv 1\pmod{n}$ 推出：$k^{qz_0+\gamma}\equiv(k^{z_0})^q\equiv 1^q\cdot k^\gamma\equiv k^\gamma\equiv 1\pmod{n}$，这是不可能的，因为 $\gamma<z_0$.

（17）设有 $K$ 进制数 $m,n$，且 $m<n$. 如果 $K^{z_0}\equiv 1\pmod{n}$（注意，$z_0$ 是具有这性质的最小正数），那么也有 $mK^{z_0}\equiv m\pmod{n}$，这就是说，在 $m$ 右边补上 $z_0$ 个 $0$（相当于 $m$ 乘以 $K^{z_0}$），以后再除以 $n$，余数为 $m$，商某为一组数字 $c_1c_2\cdots c_{z_0}$；如果再补 $z_0$ 个 $0$ 继续除以 $n$，又得商中同一组数字 $c_1c_2\cdots c_{z_0}$，等等.

（18）① 将 $x=x_0+u,y=y_0+v$ 代入方程 $ax+by=c$，由于 $ax_0+by_0=c$，知 $au+bv=0$，因此 $au$ 应被 $b$ 整除，但 $a$ 与 $b$ 互素，故 $u$ 应被 $b$ 整除，设 $u=bt$（$t$ 为任意整数），于是 $v=-at$，即 $x_0+bt,y_0-at$ 是解.

② 对任意整数 $x,y,ax+by$ 能被 $(a,b)$ 整除，若 $c$ 不能被 $(a,b)$ 整除，$ax+by$ 不会等于 $c$.

（19）因 $\sqrt{2}=[1;2,2,\cdots],\sqrt{3}=[1;1,2,1,2,\cdots]$，它们的渐近分数分别为

$$\sqrt{2}:\frac{1}{1},\frac{3}{2},\frac{7}{5},\frac{17}{12},\frac{41}{29},\frac{99}{70},\frac{239}{169},\frac{577}{408},\frac{1393}{985},\frac{3363}{2378},\cdots$$

$$\sqrt{3}:\frac{1}{1},\frac{2}{1},\frac{5}{3},\frac{7}{4},\frac{19}{11},\frac{26}{15},\frac{71}{41},\frac{97}{56},\frac{265}{153},\frac{362}{209},\frac{989}{571},$$

$$\frac{1351}{780},\frac{3691}{2131},\cdots$$

由于 $\dfrac{1931}{985} = 1.4142131\cdots$，$\dfrac{1351}{780} = 1.7320512\cdots$，

且 $\left| \sqrt{2} - \dfrac{1393}{985} \right| < \dfrac{1}{985 \times 2378}$，$\left| \sqrt{3} - \dfrac{1351}{780} \right| <$

$\dfrac{1}{780 \times 2131}$，所以 $\dfrac{1393}{985}$ 和 $\dfrac{1351}{780}$ 即为所求.

$(20)$ 由前三个方程得 $\dfrac{X}{1602} = \dfrac{Y}{891} = \dfrac{Z}{1580} = \dfrac{U}{2226} = s$（$s$ 为任意正整数），由后四个方程，可以通过 $X,Y,Z,U$（从而通过 $s$）表示 $x,y,z,u$，再取 $s=4657t$，即得要求的 $U,X,Y,\cdots,z$ 的值.

$(21)$ 如果 $ABC$ 为"海伦三角形（图 1.3），那么线段 $AD,BD,DC$ 的长度都是有理数，这是因为

$$BD = \dfrac{2S_{\triangle ABC}}{AC}$$

$$AD = \dfrac{AC^2 + AB^2 - BC^2}{2AC}$$

$$DC = |\, AC - AD \,|$$

$(22)$ 毕氏数组 $(3,4,5)$ 和 $(5,12,13)$ 可产生海伦数组：$(25,39,56)$，$(25,39,16)$，$(25,52,63)$，$(25,52,33)$，$(20,13,21)$，$(20,13,11)$，$(15,13,14)$，$(15,13,8)$.

毕氏数组 $(7,24,25)$ 和 $(7,24,25)$ 可产生海伦数组：$(25,25,14)$，$(25,25,48)$，$(175,600,527)$.

$(23)$ 等式 ② $55555555 = 10001 \times 5555 = (7778 + 2223) \times (7778 - 2223)$；④ $12345678987654321 = 111111111^2$，而 $1+2+3+4+5+6+7+8+9+8+7+6+5+4+3+2+1 = 81 = 9^2$；③ 可仿 ② 检验.

$(23a)$ 等式右边 $= -\log_4 (\log_4 4^{\frac{1}{2^{2n}}}) = -\log_4 \dfrac{1}{4^n} = n.$

$(24)$ 如果数 $x(1 \leqslant x \leqslant 60)$ 在标号为 $\alpha,\beta,\gamma$ 的表

中,那么

$$x \equiv \alpha \pmod 3 \qquad ①$$
$$x \equiv \beta \pmod 4 \qquad ②$$
$$x \equiv \gamma \pmod 5 \qquad ③$$

由 ① 推出

$$x = 3y + \alpha \qquad ④$$

代入 ② 得

$$3y + \alpha \equiv \beta \pmod 4$$

即

$$9y + 3\alpha \equiv 3\beta \pmod 4$$

由此 $y \equiv 3\beta - 3\alpha \equiv \alpha - \beta \pmod 4$,或

$$y = \alpha - \beta + 4z \qquad ⑤$$

⑤ 代入 ④,得

$$x = 3(\alpha - \beta) + 12z + \alpha = 4\alpha - 3\beta + 12z \qquad ⑥$$

由 ⑥ 和 ③ 有

$$4\alpha - 3\beta + 12z \equiv \gamma \pmod 5$$

或

$$12\alpha - 9\beta + 36z \equiv 3\gamma \pmod 5$$

即

$$z \equiv 3\gamma - 12\alpha + 9\beta \equiv 3\gamma + 3\alpha + 4\beta \pmod 5$$

于是 $z = 3\gamma + 3\alpha + 4\beta + 5t$,代入 ⑥ 即得

$$x = 4\alpha - 3\beta + 12(3\gamma + 3\alpha + 4\beta + 5t) =$$
$$40\alpha + 45\beta + 36\gamma + 60t$$

或

$$x \equiv 40\alpha + 45\beta + 36\gamma \pmod{60}$$

（25）设由 $n \equiv d_1 \pmod{11}$ 推出 $n^3 \equiv d_1^3 \equiv d \pmod{11}$,$0 \leqslant d_1 \leqslant 10$,$0 \leqslant d \leqslant 10$,简单计算即可知 $d_1 = 0,1,2,3,4,5,6,7,8,9,10$ 时,$d$ 的对应值是 $0,1,8,5,9,4,7,2,6,3,10$,它们是一一对应的,如将 $d$ 的值排成 $0,1,2,\cdots,10$,$d_1$ 即为 $0,1,7,9,5,3,8,6,2,4,10$.

（26）首先,各大洋中水的总体积少于 $1.4 \times 10^{21}$ L（即 $7 \times 10^{21}$ 杯).其次,一杯水中有 $200/18$ g 分子

水,水分子数近于 $6 \times 10^{23} \times \dfrac{200}{18} = \dfrac{2}{3} \times 10^{25}$.

$(^{27})$ 1 光年即光在宇宙真空中沿直线经过一年走的距离 $L = 365.25 \times 24 \times 60 \times 60 \times 3 \times 10^{10}\,\mathrm{cm} < 95 \times 10^{16}\,\mathrm{cm} < 10^{18}\,\mathrm{cm}$. 如以 $V$ 表示棱长为 $7 \times 10^7 L$ 的立方体体积,$N$ 表示填满这立方体的水分子数,那么:$V < (95 \times 10^{16} \times 7 \times 10^7)^3\,\mathrm{cm}^3 = (0.665 \times 10^{26})^3\,\mathrm{cm}^3 < \left(\dfrac{2}{3}\right)^3 \times 10^{78}\,\mathrm{cm}^3$,所以

$$N < \dfrac{6 \times 10^{23}}{18} \times \left(\dfrac{2}{3}\right)^3 \times 10^{78} = \dfrac{80}{81} \times 10^{100} < 10^{100}.$$

$(^{27a})$ 设 $m = 4^{256}$,$\lg m = 256\lg 4 > 256 \times 0.602055 = 154.12608$,$m > 1.336 \times 10^{154}$,因此 $Q = 4^m > 1^{1.336 \times 10^{154}}$,$\lg Q = 1.336 \times 10^{154} \times 0.602055 > 0.80434 \times 10^{154} > 8 \times 10^{153}$,即 $Q > 10^{8 \times 10^{153}}$.

$(^{28})$ 球的半径 $R = \dfrac{10^{30}}{2}L < \dfrac{10^{30}}{2} \times 95 \times 10^{16}\,\mathrm{cm}$(见本页 $(^{27})$). 球的体积 $V < \dfrac{4}{3}\pi \times 47.5^3 \times 10^{138}\,\mathrm{cm}^3 < \dfrac{1}{2} \times 10^{144}\,\mathrm{cm}^3$.

$(^{29})$ $\log_{1.000001}(\mathrm{e}^{31 \times 10^6}) = 31 \times 10^6 \log_{1.000001}\mathrm{e} \approx 31 \times 10^{12}$;$(\mathrm{e}^{31 \times 10^6})^{10^{-6}} = \mathrm{e}^{31} \approx 10^{0.43 \times 31} = 10^{13.33} \approx 22 \times 10^{12}$;$\log_{1.000001}(\mathrm{e}^{32 \times 10^6}) \approx 32 \times 10^{12}$;$(\mathrm{e}^{32 \times 10^6})^{10^{-6}} = \mathrm{e}^{32} \approx 58.6 \times 10^{13}$.

$(^{30})$ $n = 10000$ 时,由斯特林公式

$$\lg\sqrt{2\pi \times 10^4} - 10000\lg\mathrm{e} + 40000 < \lg(10000!) <$$
$$\lg\sqrt{2\pi \times 10^4} - 10000\lg\mathrm{e} + 40000 + \dfrac{\lg\mathrm{e}}{120000}$$

因 $\lg e \approx 0.4342945$，$\lg \pi \approx 0.49715$，$\lg 2 \approx 0.30103$，$\dfrac{\lg e}{120000}$ 很小，所以 $\lg(10000!) \approx \dfrac{1}{2}(0.49715 + 0.30103 + 4) - 4342.945 + 40000 = 35659.454$，即 $10000!$ 为 35660 位数.

（$^{31}$）如果假定存在两个整数 $K$ 和 $K'$，使得

$$a\,\frac{\sqrt{5}-1}{2} < K < (a+1)\,\frac{\sqrt{5}-1}{2}$$

和　　　　$$a\,\frac{3-\sqrt{5}}{2} < K' < (a+1)\,\frac{3-\sqrt{5}}{2}$$

两个不等式相加得 $a < K + K' < a+1$，这是不可能的（因为 $a$ 和 $a+1$ 是相邻整数）. 显然，在数 $a\,\dfrac{\sqrt{5}-1}{2}$ 与数 $\dfrac{\sqrt{5}-1}{2}+1$ 之间含有某一整数 $s$. 如 $s < a\,\dfrac{\sqrt{5}-1}{2} + \dfrac{\sqrt{5}-1}{2}$，它在前区间中；如果 $a\,\dfrac{\sqrt{5}-1}{2} + \dfrac{\sqrt{5}-1}{2} < s < a\,\dfrac{\sqrt{5}-1}{2}+1$，可改写为 $(a+1)\left(1 - \dfrac{3-\sqrt{5}}{2}\right) < s < a\left(1 - \dfrac{3-\sqrt{5}}{2}\right) + 1$，我们得到 $(a+1)\,\dfrac{3-\sqrt{5}}{2} > a+1 - s > a\,\dfrac{3-\sqrt{5}}{2}$，即后一区间有整数 $a+1-s$.

（$^{32}$）应用三条规则（2.3 节）造奇异局势 $(c_k, d_k)$ 表 1.

表 1

| $k$ | 0 | 1 | 2 | 3 | 4 | 5 | 6 | 7 | 8 | 9 | 10 | 11 | 12 | 13 | 14 | 15 | 16 | 17 | 18 | 19 | 20 | 21 | 22 | 23 | 24 | 25 | ⋯ |
|---|---|---|---|---|---|---|---|---|---|---|---|---|---|---|---|---|---|---|---|---|---|---|---|---|---|---|---|
| $c_k$ | 0 | 1 | 3 | 4 | 6 | 8 | 9 | 11 | 12 | 14 | 16 | 17 | 19 | 21 | 22 | 24 | 25 | 27 | 29 | 30 | 32 | 33 | 35 | 37 | 38 | 40 | ⋯ |
| $d_k$ | 0 | 2 | 5 | 7 | 10 | 13 | 15 | 18 | 20 | 23 | 26 | 28 | 31 | 34 | 36 | 39 | 41 | 44 | 47 | 49 | 52 | 54 | 57 | 60 | 62 | 65 | ⋯ |

故正确着为 $(27,37) \rightarrow (16,26);(14,90) \rightarrow (14,23);(47,69) \rightarrow (47,29)$.

($^{33}$) 容易验证，当 $a = 40,55,140$ 时，区间 $(a \times 0.618\cdots,(a+1) \times 0.618\cdots)$ 分别包含整数 $25,34,87$；而当 $a = 400$ 时，区间 $(a \times 0.381,(a+1) \times 0.381\cdots)$ 包含整数 $153$.因此，$40 = c_{25}(d_{25} = c_{23} + 25 = 65),55 = c_{34}(d_{34} = 89),140 = c_{87}(d_{87} = 227),400 = d_{153}(c_{153} = 400 - 153 = 247)$.

($^{34}$) 正确着为：$(10,17,25) \rightarrow (8,17,25);(47,99,181) \rightarrow (47,99,76);(25,43,50) \rightarrow$ 奇异局势（败局）；$(29,29,18) \rightarrow (15,29,18)$ 或 $(29,29,0);(93,29,74) \rightarrow (87,29,74)$ 或 $(93,23,74)$ 或 $(93,29,64)$.

($^{35}$) 以状态："环 $12,9,7,6,2$ 在梁下，其他环在梁上"为例.要放下环 $11$,应先放下 $8,5,4,3,1$,再做其他 $1 + u_9 + u_{10}$ 步（放下 $11$,放上 $1 \sim 9$,放下 $1 \sim 10$).但为放下 $8,1 \sim 7$ 必在上，为使 $1 \sim 7$ 在上，又需放下 $1,3,4(7$ 着），放上 $6(1$ 着），放下 $5(u_4 + u_5$ 着），放上 $7(1$ 着），放上 $1 \sim 5(u_5$ 着），总着数为 $2u_5 + u_4 + 9$.再加上 $u_8$（放下 $1 \sim 8$）以及上述 $1 + u_9 + u_{10}$,总共着数为 $u_{10} + u_9 + u_8 + 2u_5 + u_4 + 10$.

($^{36}$) 将 $1$ 个盘从立柱 $A$ 移到 $B$,只要 $1$ 着，而 $u_1 = 2^1 - 1 = 1$,公式正确.设 $u_k = 2^k - 1$,应用 $u_n = 2u_{n-1} + 1$,知 $u_{k+1} = 2u_k + 1 = 2(2^k - 1) + 1 = 2^{k+1} - 1$.

($^{37}$)$55 - 57,75 - 55,54 - 56,74 - 54,53 - 55,$
$73 - 53,43 - 63,51 - 53,63 - 43,33 - 53,41 - 43,$
$53 - 33,23 - 43,31 - 33,43 - 23,13 - 33,15 - 13,$
$25 - 23,34 - 32,13 - 33,32 - 34,45 - 25,37 - 35,$
$57 - 37,34 - 36,37 - 35,25 - 45,56 - 54,54 - 34,$

$46-44,44-24.$

$53-55,73-53,75-73,65-63,52-54,73-$
$53,54-52,51-53,31-51,32-52,43-63,51-53,$
$63-43,45-65,57-55,65-45,35-55,47-45,$
$55-35,25-45,37-35,45-25,15-35,13-15,$
$23-25,34-36,15-35,36-34,33-53,34-54,$
$54-52.$

($^{38}$）如果棋子沿着图 1(a) 上的曲线移动，描出有一"空格"的封闭环，棋子**在这环中**的相对位置不会改变.棋子摆在环中（如初局可解），应按这样的顺序（图2.7(c)）（＊表示空格）：

$1,2,3,4,8,12,*,15,14,13,9,10,11,7,6,5$ ①

就是 2 号紧跟 1 号，3 号紧跟 2 号，……，15 号紧跟12 号，……，1 号紧跟 5 号.棋子在环中的相对位置，仅当 $B$ 空且 $A$ 中棋子移入 $B$ 时（或相反）才会改变.这时，相当于把棋子"沿环"两次"向左"（或"向右"）调动.例如，对初始排列

$5,7,14,11,13,15,\ 1,2,9,8,6,4,3,10,*,12$ ②

通过棋子循环运动达到图 1(b) 的状态，把 9 号移到空格，给出的排列 9 号棋子向左移了两位

$2,*,8,6,4,3,10,12,5,7,14,\ 11,13,15,9,1$

类似地，15 号左移两位，9 号紧跟 13 号.同样可使10 号紧跟 9 号，11 号紧跟 10 号，7 号紧跟 11 号，等等.这时，如果排列 ②"可解"，终将变成 ①；如果 ②"不可解"，终将导致图 2.7(d) 的排列：$1,2,3,4,8,12,*,$
$14,15,13,9,10,11,7,6,5.$

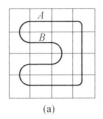

|      |      |
| :--: | :--: |
| (a)  | (b)  |

图 1

（$^{39}$）对 $n=1$ 和 $2$，$2.6.1$ 节的公式 ⑥ 给出：$v_1=1$，$v_2=2$，由于 $\dfrac{1+\sqrt{5}}{2}+1=\left(\dfrac{1+\sqrt{5}}{2}\right)^2$，$\dfrac{1-\sqrt{5}}{2}+1=\left(\dfrac{1-\sqrt{5}}{2}\right)^2$，于是

$$
\begin{aligned}
v_{s-1}+v_{s-2}=&\frac{1}{\sqrt{5}}\left(\left(\frac{1+\sqrt{5}}{2}\right)^{s}-\left(\frac{1-\sqrt{5}}{2}\right)^{s}\right)+ \\
&\frac{1}{\sqrt{5}}\left(\left(\frac{1+\sqrt{5}}{2}\right)^{s-1}-\left(\frac{1-\sqrt{5}}{2}\right)^{s-1}\right) \\
=&\frac{1}{\sqrt{5}}\left[\left(\frac{1+\sqrt{5}}{2}\right)^{s-1}\left(\frac{1+\sqrt{5}}{2}+1\right)-\right. \\
&\left.\left(\frac{1-\sqrt{5}}{2}\right)^{s-1}\left(\frac{1-\sqrt{5}}{2}+1\right)\right] \\
=&\frac{1}{\sqrt{5}}\left(\left(\frac{1+\sqrt{5}}{2}\right)^{s+1}-\left(\frac{1-\sqrt{5}}{2}\right)^{s+1}\right) \\
=&v_s
\end{aligned}
$$

（$^{40}$）轮流应用三个关系，注意到 $w_1=w_2=1$，$w_3=2$，易得下表（"○"中的数字表示"粘土格"号码），见表 2.

表 2

| $s$ | ◎ | 1 | 2 | 3 | 4 | 5 | 6 | 7 | 8 | 9 | ⑩ | 11 | 12 | 13 | 14 | ⑮ | ⋯ |
| --- | --- | --- | --- | --- | --- | --- | --- | --- | --- | --- | --- | --- | --- | --- | --- | --- | --- |
| $w_s$ | | 1 | 1 | 2 | 4 | 7 | 13 | 17 | 30 | 60 | 107 | 197 | 257 | 454 | 908 | 1619 | ⋯ |

（⁴¹）用各种不同方法由格点 $O(0,0,\cdots0)$ 走到格点 $A(a_1,a_2,\cdots,a_m)$（其中 $a_1+a_2+\cdots+a_m=n$），可表示为 $n$ 个字母（$a_1$ 个 $x_1$，$a_2$ 个 $x_2$，$\cdots$，$a_m$ 个 $x_m$，意义见正文）填充的图式.其中由 $n$ 个位子中选 $a_1$ 个放 $x_1$，有 $c_n^{a_1}$ 种方法,其中每一种方法又对应着由 $n-a_1$ 个空位中选 $a_2$ 个放 $x_2$ 的 $C_{n-a_1}^{a_2}$ 种方法,故总共有 $C_n^{a_1}C_{n-a_1}^{a_2}$ 种方法放 $x_1,x_2$.同样推理可知,有 $C_n^{a_1}C_{n-a_1}^{a_2}\cdot C_{n-a_1-a_2}^{a_3}$ 种方法放 $x_1,x_2,x_3$；$\cdots$,放 $a_1$ 个 $x_1$，$a_2$ 个 $x_2$，$a_3$ 个 $x_3$，$\cdots$，$a_m$ 个 $x_m$ 的方法总共有

$$C_n^{a_1}C_{n-a_1}^{a_2}C_{n-a_1-a_2}^{a_3}\cdots C_{n-a_1-a_2-\cdots-a_{m-1}}^{a_m}$$
$$=\frac{n!}{a_1!\,(n-a_1)!}\cdot\frac{(n-a_1)!}{a_2!\,(n-a_1-a_2)!}\cdot\cdots\cdot$$
$$\frac{(n-a_1-a_2-\cdots-a_{m-1})!}{a_m!\,\cdot0!}$$
$$=\frac{n!}{a_1!\,a_2!\,\cdots a_m!}$$

种方法（其中用到 $0!=1$）.

（⁴²）图 2 中的数字指出了车可以用多少种方法以最少的"单步"到达带有屏障的棋盘的某格.

| 12 | ② | 4 | 8 | 8 | ⑧ | 8 | 16 |
|---|---|---|---|---|---|---|---|
| ⑩ | 2 | ② | 4 | ⑧ | 16 | 48 | 8 |
| 8 | 2 | 4 | ② | 8 | 48 | 16 | ⑧ |
| 6 | 2 | 2 | 2 | ④ | 8 | ⑧ | 8 |
| 4 | ② | 2 | ⑧ | 2 | ② | 4 | 8 |
| ② | 2 | ④ | 2 | 2 | 4 | ② | 4 |
| 1 | 2 | 2 | ② | 2 | 2 | 2 | ② |
| $A$ | 1 | ② | 4 | 6 | 8 | ⑩ | 12 |

图 2

为清楚起见,对属于第四类区域的格(2,2,4,2,2),第八类区域的格(10,2,2,2,4,8,2,2,2,10)和第十二类区域的格(8,8,8,8)加上圆圈来表示.

(43) 由图3可见,第四类区域由32格组成,王走入该区域,共有320种方法(第四类区域所有格中数字之和).

| 1 | 4 | 10 | 16 | 19 | 16 | 10 | 4 | 1 |
|---|---|----|----|----|----|----|---|---|
| 4 | 1 | 3 | 6 | 7 | 6 | 3 | 1 | 4 |
| 10 | 3 | 1 | 2 | 3 | 2 | 1 | 3 | 10 |
| 16 | 6 | 2 | 1 | 1 | 1 | 2 | 6 | 16 |
| 19 | 7 | 3 | 1 | | 1 | 3 | 7 | 19 |
| 16 | 6 | 2 | 1 | 1 | 1 | 2 | 6 | 16 |
| 10 | 3 | 1 | 2 | 3 | 2 | 1 | 3 | 10 |
| 4 | 1 | 3 | 6 | 7 | 6 | 3 | 1 | 4 |
| 1 | 4 | 10 | 16 | 19 | 16 | 10 | 4 | 1 |

图 3

(44) 两个卒子从第二条线走到第八条线可以:① 用12步,均不在第一步连走两格,有 $\dfrac{12!}{6!\,6!}$ 种方法;② 用11步,仅第一(或第二)卒子第一步走两格,有 $\dfrac{11!}{5!\,6!}$ 种方法;③ 用10步,两卒第一步均走两格,有 $\dfrac{10!}{5!\,5!}$ 种方法.因而对两卒来说,共有 $\dfrac{12!}{6!\,6!}+\dfrac{11!}{5!\,6!}\times 2+\dfrac{10!}{5!\,5!}$ 种方法.

类似地,三卒有 $\dfrac{18!}{6!\,6!\,6!}+3\times\dfrac{17!}{5!\,6!\,6!}+3\times\dfrac{16!}{5!\,5!\,6!}+\dfrac{15!}{5!\,5!\,5!}$ 种方法,4卒有 $\dfrac{24!}{6!\,6!\,6!\,6!}+$

$$4 \times \frac{23!}{5! \ 6! \ 6! \ 6!} + 6 \times \frac{22!}{5! \ 5! \ 6! \ 6!} + 4 \times$$

$$\frac{21!}{5! \ 5! \ 5! \ 6!} + \frac{20!}{5! \ 5! \ 5! \ 5!} \text{ 种方法}.$$

(45) ① 三角"幻方"是做不成的,因为图 2.21(e)有六个方向,各方向上三加数之和(加数不超过 7)要一样. 表示为这样的三加数和:12 有五种方法(12 = 1+4+7=1+5+6=2+3+7=2+4+6=3+4+5),11 和 13 各有四种方法,10 和 14 也各有四种,9 和 15 各只有三种,再小和再大的数更少.

② 五角"幻方"也做不成,因为中心的数应包含在五个不同和中,每个和由不超过 11 的三个不同加数组成,直接验证可知,没有这样的数.

(46) ① 在广义多米诺骨牌中,有 $n+1$ 张形如 $(K, K)$ 的牌和 $C_{n+1}^2 = \dfrac{(n+1)n}{2}$ 张形如 $(l, m)$ 的牌, $l \neq m$. 所以总数为 $(n+1) + \dfrac{(n+1)n}{2} = \dfrac{(n+2)(n+1)}{2}$ 张.

② 每个数 $K$ 在 $(K, m)(m \neq K)$ 中出现 $n$ 次,在 $(K, K)$ 中出现两次,共 $(n+2)$ 次. 因此全副牌点数之和等于 $(0+1+2+\cdots+n)(n+2) = \dfrac{n(n+1)(n+2)}{2}$.

(47) 如对偶数 $n$,从全套牌中抽去 $(a, b)(a \neq b)$,那么余下的牌中点 $a$(以及点 $b$)将出现奇数 $n+1$ 次(见(46)②). 另一方面,显然在任一封闭链中,每个点数出现偶数次. 某一个点数的奇数次只能出现在开链的一端.

(48) 当 $n$ 为奇数时,每个点数应出现奇数 $n+2$ 次,组成闭链是不可能的. 在开链中,只有在一端的点数才能出现奇数次.因此,点数 $0,1,2,\cdots,n-1,n$ 中至少有 $n-1$ 个在未入链的骨牌中,即至少有 $\dfrac{n-1}{2}$ 张骨牌未入链,链的长度不会超过

$$\frac{(n+1)(n+2)}{2}-\frac{n-1}{2}=\frac{n^2+2n+3}{2}$$

$(^{49})$ 可能的分牌方法之一是:第一人得牌:$(0,0)$,$(0,1)$,$(0,2)$,$(0,3)$,$(1,4)$,$(1,5)$,$(1,6)$;第四人得牌:$(1,1)$,$(1,2)$,$(1,3)$,$(0,4)$,$(0,5)$,$(0,6)$,$(2,2)$.

一、四两人可构成链:$(0,0)(0,4)(4,1)(1,2)(2,0)(0,5)(5,1)(1,1)(1,0)(0,6)(6,1)(1,3)(3,0)$.

(二、三两人不可能出牌,因为他们没有含零点和 1 点(第一人出牌后总是空出这两种点)的牌)

$(^{50})$① 依次写下自然数 $1\sim40$,自左向右每数到第三个就"筛去"(下面画横线,括号中数字表示在第几轮时筛去),于是得

| 1 | 2 | 3 | 4 | 5 | 6 | 7 | 8 | 9 |
|---|---|---|---|---|---|---|---|---|
| (37) | (14) | (1) | (23) | (29) | (2) | (15) | (33) | (3) |

| 10 | 11 | 12 | 13 | 14 | 15 | 16 | 17 | 18 |
|---|---|---|---|---|---|---|---|---|
| (24) | (16) | (4) | (39) | (30) | (5) | (17) | (25) | (6) |

| 19 | 20 | 21 | 22 | 23 | 24 | 25 | 26 | 27 |
|---|---|---|---|---|---|---|---|---|
| (36) | (18) | (7) | (34) | (26) | (8) | (19) | (31) | (9) |

| 28 | 29 | 30 | 31 | 32 | 33 | 34 | 35 | 36 |
|---|---|---|---|---|---|---|---|---|
| (40) | (20) | (10) | (27) | (38) | (11) | (21) | (32) | (12) |

| 37 | 38 | 39 | 40 |
|---|---|---|---|
| (28) | (22) | (13) | (35) |

可见,13 号元素在倒数第二轮筛去,28 号元素在最后筛去.

② 在我们这种情况下,$n=40,K=3,q=\dfrac{K}{K-1}=$

202

$\dfrac{3}{2}$，$nK=120$，$s=39$ 时，$a_1=K(n-s)+1=4$，"整化项几何数列"构成如下：$4,6,9,14,21,32,48,72,108,$$162,\cdots.$ $162>nK=120$，所以 $A=108$ 且 $t=nK+1-A=120+1-108=13$，即第 $13$ 号元素在第 $39$ 轮筛去.

　　如 $s=40$，$a_1=K(n-s)+1=1$，"整化项几何数列"为：$1,2,3,5,8,12,18,27,41,62,93,140,\cdots.$ $140>nK=120$，所以 $A=93$，$t=120+1-93=28$，即 $28$ 在最后筛去.

<sup>(51)</sup>

| 1 | **2** | 3 | 4 | 5 | 6 | 7 | 8 |
|---|---|---|---|---|---|---|---|
| (28) | (19) | (22) | (36) | (16) | (1) | (7) | (12) |
| 9 | **10** | 11 | 12 | 13 | 14 | 15 | 16 |
| (35) | (31) | (25) | (2) | (20) | (8) | (27) | (13) |
| **17** | 18 | 19 | 20 | 21 | 22 | 23 | 24 |
| (17) | (3) | (23) | (30) | (9) | (32) | (29) | (4) |
| 25 | 26 | 27 | 28 | 29 | 30 | 31 | 32 |
| (14) | (21) | (18) | (10) | (34) | (5) | (26) | (24) |
| 33 | 34 | 35 | 36 | | | | |
| (15) | (33) | (11) | (6) | | | | |

　　由此看出，牌从上到下的排列是：黑桃爱司(第 $28$ 张牌即第四种花色第一张；这是由于 $1$ 下面是(28))，梅花爱司(第 $19$ 张牌(因 $2$ 下面是(19)))，即第三花色第一张)，梅花勾(即 $J$，第 $22$ 张即第三花色第四张)，等等.

　　因为 $n=36$，$K=6$，$q=\dfrac{6}{5}$，$nK=216$，得如下"整化几何数列"

　　　　$s=19:103,124,149,179,215,258,\cdots$

　　　　$s\ \ =\ \ 31:31,38,46,56,68,82,99,119,143,172,$
　　　　　　　$207,249,\cdots$

　　　　$s=17:115,138,166,200,240,\cdots$

其中不超过 $nK=216$ 的最大数 $215,207,200$ 对应的 $t$ 值分别为 $2(=216-215+1)$，$10(=216-207+1)$ 和

17($=216-200+1$)(见（[51]）中的粗体数字).

（[52]）如果元素 $a_1, a_2, \cdots, a_k$ 按顺时针排列在圆周上,然后再将每个元素移(按逆时针方向)到相邻元素的位置,这将等价于循环置换 $c = (a_1, a_2, \cdots, a_k)$. 显然 $c^k = E$,因为上述置换进行 $K$ 次后,所有元素回到自己的原位置.

如果置换 $A$ 等于若干个独立循环置换的乘积: $A = c_1 c_1 c_3 \cdots c_s$,它们的阶分别为 $K_1, K_2, K_3, \cdots, K_s$,那么仅当 $m$ 被 $K_1, K_2, \cdots, K_s$ 整除时,置换 $A^m$ 使所有元素回到自己原来的位置,满足这条件的 $m$ 的最小值是 $K_1, K_2, \cdots, K_s$ 的最小公倍数.

（[53]）设按 2.12 节正文中指出的规则,由一个排列转到另一个,再转换到第三个,……. 在每次转换中,其所在位置号码分别为 $a_1, a_2, \cdots, a_s$ 的各元素,按循环的顺序互相让出地方,这样,如果设 $a'_1, a'_2, \cdots, a'_s$ 分别为开始时占据号码 $a_1, a_2, \cdots, a_s$ 的元素,那么循环 $(a'_1, a'_2, \cdots, a'_s)$ 就构成置换 $M$ 的一部分. 自然,$M$ 中还会出现别的循环.

（[54]）以 $a_k$ 表示第 $K$ 层菱形离中心最近的角. 如 $A$ 为 $K-1$ 层与 $K+1$ 层菱形的一个公共顶点,那么 $a_{k-1} + 2(\pi - a_k) + a_{k+1} = 2\pi$(图 4),于是 $a_{k+1} - a_k = a_k - a_{k-1}$,即 $a_1, a_2, a_3, \cdots$ 构成等差数列,因为 $a_2 = 2a_1$(图 5),所以公差为 $a_1 = \dfrac{2\pi}{m}$,$a_k = K a_1 = \dfrac{K \cdot 2\pi}{m}$.

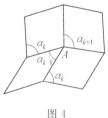

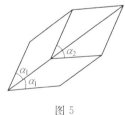

图 4　　　　　　　　　　图 5

如果 $m$ 为奇数，那么 $\alpha_{\frac{m-1}{2}} = \dfrac{m-1}{2} \cdot \dfrac{2\pi}{m} = \dfrac{\pi(2m-2)}{2m}$. 即 $\alpha_{\frac{m-1}{2}}$ 等于正 $2m$ 边形的内角. $2m$ 边形另外的角由三个角构成，其和等于

$$\alpha_{\frac{m-1}{2}-1} + 2(\pi - a_{\frac{m-1}{2}})$$

$$= \frac{2\pi}{m} \cdot \frac{m-3}{2} + 2\left(\pi - \frac{m-1}{2} \cdot \frac{2\pi}{m}\right)$$

$$= \frac{\pi}{m}(m-3+2)$$

$$= \frac{\pi(m-1)}{m} = \alpha_{\frac{m-1}{2}}$$

当 $m$ 为偶数时，$\alpha_{\frac{m}{2}-1} = \dfrac{2\pi}{m}\left(\dfrac{m}{2}-1\right) = \dfrac{\pi(m-2)}{m}$ 即为正 $m$ 边形内角. 同时，"边上角"（图 3.16 中 $\angle D$ 那样的）等于

$$\alpha_{\frac{m}{2}-2} + 2(\pi - \alpha_{\frac{m}{2}-1})$$

$$= 2\pi + \left(\frac{m}{2}-2-2\left(\frac{m}{2}-1\right)\right)\frac{2\pi}{m} = \pi$$

$(^{55})$ 以 $\alpha_k$ 表示 $K$ 层菱形离正多边形中心最近的角，则 $\alpha_k = (2K+1)\dfrac{\pi}{m}$（只要取 $\alpha_1 = \dfrac{3\pi}{m}$, $\alpha_2 = \dfrac{5\pi}{m}$, 应用 $\alpha_{k-1} + \alpha_{k+1} + 2(\pi - \alpha_k) = 2\pi$，推出 $\alpha_1, \alpha_2, \alpha_3, \alpha_4, \cdots$ 构成等差数列，即可证）. 于是

$$\alpha_{\frac{m-3}{2}} = \left(2 \cdot \frac{m-3}{2}+1\right)\frac{\pi}{m} = \frac{\pi(m-2)}{m}$$

这是正 $m$ 边形内角. 另外，"边上角"如图 3.20 上顶点在 $E$ 的角）等于

$$\alpha_{\frac{m-5}{2}} + 2(\pi - \alpha_{\frac{m-3}{2}}) = (m-4)\frac{\pi}{m} + 2\left(\pi - \frac{\pi(m-2)}{m}\right)$$

$$= \pi$$

容易验证,"开口多边形"(如图 3.20 中 $ABCDEFGHJKL$)的每个内角等于 $\frac{\pi(m-2)}{m}$,由此推知它们也是正的(例如,若 $\alpha$ 为星形多边形顶角,那么 $\angle ABC = \alpha + (\pi - \alpha_1) = \alpha + \pi - 3\alpha = \pi - 2\alpha$,$\angle BCD = \alpha_1 + (\pi - \alpha_2) = 3\alpha + \pi - 5\alpha = \pi - 2\alpha, \cdots$,而 $\pi - 2\alpha = \pi - \frac{2\pi}{m} = \frac{\pi(m-2)}{m}$,这是正 $m$ 边形内角).

($^{56}$) 应用 2 cm,5 cm,$\cdots$,36 cm;3 cm,$\cdots$,45 cm;1 cm,$\cdots$,72 cm 这三组正方形构成的矩形的面积分别为 $s_1 = 4209$ cm$^2$($= 2^2 + 5^2 + \cdots + 36^2$),$s_2 = 10270$ cm$^2$,$s_3 = 27495$ cm$^2$. 因为 $4209 = 3 \times 23 \times 61$,所以矩形 $s_1$ 的边可以是 3 cm 和 1403 cm,69 cm 和 61 cm 或 23 cm 和 183 cm. 一、三两种情形不合适,因为 $s_1$ 的边不可能小于正方形组中最大正方形的边(36 cm),因此,$s_1$ 的两边分别为 69 cm 和 61 cm.

类似可知 $s_2$ 的边为 79 cm 和 130 cm;$s_3$ 的边为 141 cm 和 195 cm.

若把"边为 $a$ 的正方形"记为正方形 $a$,则 $s_1$ 构成如下:(自左向右)正方形 36,33(在上排);5,28(在 33 下边);25,9,2(在 36 下边);7(在 2,5 下边);16(在 9,7 下边).类似构造 $s_2$,$s_3$.

($^{57}$)"608×377 矩形"构成如下:209,205,194(上排);11,183(在 194 下边);44,172(在 205,11 下边);168,41(在 209 下边);1,43(在 44 下边);42(在 41,1 下边);85(在 42,43 下边).

"608 × 231 矩形"构成如下:231,95,61,108,113(上排);34,27(61 下边);7,20(27 下边);136(95,

206

34 和 7 下边);123,5(128 下边);118(5,113 下边).

($^{58}$) 如果最小正方形 $ABCD$ 的边 $AB$ 同矩形一条边相重合,那么它夹在两个较大正方形间,或者被"挤在"较大正方形和矩形的邻边之间,在两种情形下,最小正方形的边 $CD$ 均不能同任何较大正方形的边相重.

($^{59}$)① $a^3 = \left(\dfrac{2a}{3}\right)^3 + 17\left(\dfrac{a}{3}\right)^3 + 16\left(\dfrac{a}{6}\right)^3$,即棱为 $a$ 的立方体可分为 34 个立方体:1 个棱为 $\dfrac{2a}{3}$,17 个为 $\dfrac{a}{3}$,16 个为 $\dfrac{a}{6}$. ② $a^3 = 2\left(\dfrac{a}{2}\right)^3 + 48\left(\dfrac{a}{4}\right)^3$,即分为 50 个立方体.

($^{60}$) 由 $a^2 = \left(\dfrac{2a}{3}\right)^2 + 5\left(\dfrac{a}{3}\right)^2 + \left(\dfrac{3a}{4}\right)^2 + 7\left(\dfrac{a}{4}\right)^2 = 4\left(\dfrac{a}{2}\right)^2$ 知,正方形可分为 4 个、6 个、8 个正方形. 如果一个正方形可以分为 $s$ 个,把其中 1 个再分为 4 个,也就可以分为 $s+3$ 个. 于是可分为 7($=4+3$) 个、10($4+3+3$) 个、……、$4+3K$. 同样知可分为 $6+3l$,$8+3m$ 个($K,l,m$ 为自然数). 但任何大于或等于 6 的自然数 $n$,可表示为 $6+3l$,$4+3K$,$8+3m$ 三种形式之一,因为它们除以 3 时,或余 0,或余 1,或余 2.

($^{61}$) 某一正十边形的所有顶点应当是 (10,5,5) 型结点(图 6). 那么,点 $B$ 和 $D$ 就不可能是同类型的结点,因为在点 $C$ "汇聚"了两个正十边形和一个正五边形,这是不可能的.

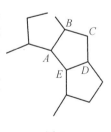

图 6

($^{62}$) 正 $m$ 边形每个角等于 $\dfrac{180°(m-2)}{m}$，顶点在结点 $(n_1, n_2, \cdots, n_k)$ 的所有角的和等于 $360°$，因此

$$\dfrac{180°(n_1-2)}{n_1} + \dfrac{180°(n_2-2)}{n_2} + \cdots +$$

$$\dfrac{180°(n_k-2)}{n_k} = 360°$$

两边除以 $180°$，即得欲证.

($^{63}$) 由图 7(a) 看出，由四个形如 $ABCDE$ 的五边形 $(AB = CD = BC = DE; \angle B = \angle D = 90°, \angle A = \angle C = \angle E = 120°)$ 可以构成六边形 $KCLMNP$，它的对边平行且相等. 而这种六边形容易辅满平面. 在图 7(b) 上表明，怎样应用正五边形和锐角为 $36°$ 的菱形辅满平面.

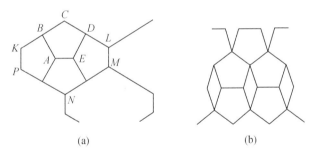

(a)                  (b)

图 7

($^{64}$) 只需证明，我们无论先以边 $AB$ 还是先以边 $BC$ 为轴翻折 $\triangle ABC$，其内的任一点 $M$ 最终都将得到同样五个点：$M_1, M_2, \cdots, M_5$（图 8）.

($^{65a}$) 见图 9.

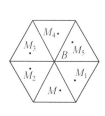

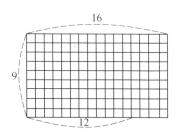

图 8　　　　　　　　　　　图 9

($^{65b}$) 只需引矩形两边的平行线,把边 $a$ 分为 $n+1$ 等分,把边 $b$ 分为 $n$ 等分.并按图 10 所示的折线画出.

($^{66}$) 图 11 上画出了由长方体"$a\times b\times c$"的两半 $V_1$ 和 $V_2$ 构成的长方体"$\dfrac{am}{m+1}\times\dfrac{b(m+1)}{m}\times c$"(图中 $m=4,PQ=\dfrac{b(m+1)}{m}$),通过折线 $ABCDEF$ 作截面平行于棱 $PQ$,我们就把 $V_1$ 与 $V_2$ 都分为两部分;把上面的部分上移 $\dfrac{c}{n}$,并左移 $\dfrac{am}{(m+1)(n+1)}$,就得长方体 $\dfrac{amn}{(m+1)(n+1)}\times\dfrac{b(m+1)}{m}\times\dfrac{c(n+1)}{n}$(图中 $n=3$).

可类似把长方体 $a\times b\times c$ 重组为长方体 $\dfrac{am}{m+1}\times\dfrac{b(m+1)n}{m(n+1)}\times\dfrac{c(n+1)}{n}$.

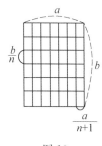

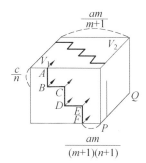

图 10　　　　　　　　　　图 11

209

($^{67}$) 如图 12.

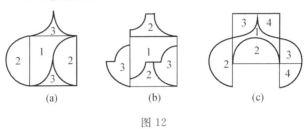

图 12

($^{68}$) 为了使曲线

$$\begin{cases} x = a\sin mt \\ y = b\sin nt \end{cases}$$

通过它的"外切"矩形的一个顶点，必使如下等式对参数 $t$ 的某个值成立：$mt = (2K+1)90°$，$nt = (2l+1)90°$，其中 $K$ 和 $l$ 为某些整数，而这只有对满足 $\dfrac{m}{n} = \dfrac{2K+1}{2l+1}$ 的整数 $K, l$ 才是可能的.

在这种情况下，当 $t = \dfrac{(2K+1)90°}{m} = \dfrac{(2l+l)90°}{n} = t_0$ 时，将有 $|x_0| = |y_0| = 1$. 建议读者验证：对应于参数值 $t_1 = t_0 - \Delta t$ 及 $t_2 = t_0 + \Delta t$（$\Delta t$ 是任意的）的点 $(x_1, y_1)$，$(x_2, y_2)$ 是重合的.

($^{69}$)① 去掉方程 $|2y-1| + |2y+1| + \dfrac{4|x|}{\sqrt{3}} = 4$

中的绝对值符号，那么在不同的区域：$A_1, A_2, A_3, A_4, A_5, A_6$（图 13(a)）将改写为不同的形式. 例如，当 $y \geqslant \dfrac{1}{2}$ 且 $x \leqslant 0$ 时 $(A_2)$ 有 $2y-1+2y+1+\dfrac{4(-x)}{\sqrt{3}} = 4$，即 $y - \dfrac{x}{\sqrt{3}} = 1$. 对应于直线 $l$ 上的线段 $KL$，对 $-\dfrac{1}{2} \leqslant y \leqslant$

$\dfrac{1}{2}$ 且 $x \geqslant 0$ 有 $x = \dfrac{\sqrt{3}}{2}$，应取直线 $m$ 上属于 $A_6$ 的线段 $MN$ 等.

② 去掉绝对值符号，方程 $|x| + |y| + \dfrac{1}{\sqrt{2}}(|x - y| + |x + y|) = \sqrt{2} + 1$ 在平面被坐标轴和象限角平分线分成的 8 个 "扇形" $B_k (1 \leqslant K \leqslant 8)$（图 13(b)）上，将写成不同形式. 如在 $B_4$ 中，由于 $x \leqslant 0, y \geqslant 0, x - y \leqslant 0, x + y \leqslant 0$，方程化为 $y - (1 + \sqrt{2})x = 1 + \sqrt{2}$，对应的直线 $l$ 过点 $(-1, 0)$ 且同 $Ox$ 轴成 $67°30'$ 的角 $(\tan 67°30' = 1 + \sqrt{2})$，$l$ 上属于 $B_4$ 的部分 $PQ$ 给出了正八边形一边，类似得到其他边.

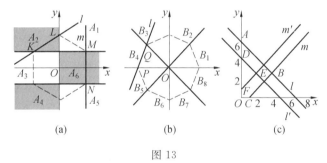

(a)　　　　(b)　　　　(c)

图 13

③ 方程 $||x| + ||y| - 3| - 3| = 1$ 中 $x, y$ 均只出现在绝对值符号之下，其图像关于 $Ox$ 轴、$Oy$ 轴、原点对称，所以先作其在第一象限的部分，然后用对称法就行了.

当 $x \geqslant 0, y \geqslant 0$ 时，有

$$|x + |y - 3| - 3| = 1$$

由此推出

$$x + |y - 3| - 3 = 1$$

即 $$|y-3|=4-x \qquad (*)$$

或 $$x+|y-3|-3=-1$$

即 $$|y-3|=2-x \qquad (**)$$

式（*）仅当 $x \leqslant 4$ 时有意义，则有 $y-3=4-x$（直线 $l$ 上适合 $x \leqslant 4$ 的部分 $AB$（图 13（c））或 $y-3=x-4$（直线 $m$ 上 $x \leqslant 4$ 的部分 $BC$）. 式（**）给出 $y-3=2-x$（直线 $l'$ 上适合 $x \leqslant 2$ 的部分 $DE$）或 $y-3=x-2$（$m'$ 上适合 $x \leqslant 2$ 的部分 $FE$）.

（70）设 $y=f(x)$ 为曲线 $l$ 的方程，把 $l$ 向右平移一段距离 $\alpha$ 得曲线 $l'$（图 14）. 如果 $A'(x,y)$ 为曲线 $l'$ 上任意一点，而 $A(X,Y)$ 为它在曲线 $l$ 上的对应点，即 $X=x-\alpha$，

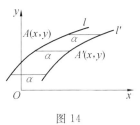

图 14

$Y=y$，那么 $Y=f(X)$，因此 $y=f(x-a)$ 就是曲线 $l'$ 的方程.

（70a）应当用七位对数表.

（71）① 通过正四面体的棱且与其相应面倾斜角相同的六个平面相交，构成立方体（图 4.3（b））.

② 斜方十二面体表面菱形的较长的十二条对角线（图 4.8 上所画的 $O_1O_2$ 等）正好是正八面体的棱. 因此，通过正八面体的棱且与相应的面倾斜度一样的平面，围成斜方十二面体.

（72）染一条直线分平面所成的两部分，自然两种颜色就够了. 设染平面被 $n$ 条直线所分成的区域，只要两种颜色. 现画出第 $n+1$ 条直线，我们使得在这直线一侧的所有"前 $n$ 次划分的区域（及其一部分），保持原

212

来的颜色,而另一侧的每个区域都变成与原来相反的颜色,这样,第 $n+1$ 次划分后的每两个相邻区域都将染上不同的颜色.这推理对 $n$ 个平面划分空间也对.

($^{73}$) 由图 15 可见,四个三角形 $\triangle ABD$,$\triangle BCE$,$\triangle CAF$,$\triangle DEF$ 中任意两个以线段为共同边界;对四个三角形 $\triangle KLP$,$\triangle LMQ$,$\triangle MKN$,$\triangle NPQ$ 来说,也是一样.

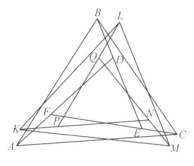

图 15

另外,前四个三角形中的任一个同后四个三角形中任一个都有一部分相交(自然,反过来也一样).因此,如果在图形所在平面上方取一点 $S$,在其下方取一点 $T$,那么八个四面体 $S\text{-}ABD$,$S\text{-}BCE$,$S\text{-}CAF$,$S\text{-}DEF$,$T\text{-}KLP$,$T\text{-}LMQ$,$T\text{-}MKN$,$T\text{-}NPQ$ 中任何两个都以某一块平面为公共边界.

($^{74}$) 如果我们注意,通到"$n_1$ — 结点"的有 $n_1$ 条弧,通到"$n_2$ — 结点"的有 $n_2$ 条弧,……,通到"$n_s$ — 结点"的有 $n_s$ 条弧,而每条弧算了两次,因此,弧的总数等于 $\dfrac{n_1+n_2+\cdots+n_s}{2}$.如果这分数的分子中有奇数个奇数,那么弧的总条数将不是整数.

($^{75}$) 把图 4.26 中的 7 个点分为两组:$K,L,M,N$

和 $A,B,C$,路线图式可以这样规定:第一组中任何点只能直接通向第二组中某一点,反之亦然.

为遍历所有点,必希从第一组的某一点出发,而在它的另一点结束.但从其最后一点直接通向出发点是不可能的.

($^{76}$) 如果在正八面体中作一个内接立方体,使其顶点在正八面体各面中心,那么从正八面体的一个面走到另一个面是可能的,当且仅当在这些面中的立方体顶点是它的某一棱的端点.

类似推理也适于内接于正二十面体的正十二面体.

($^{77}$) 图 16(a) 中箭头指出了钱币移动方法.

($^{78}$) 图 16(b) 中箭头指出了钱币 $D,E$ 的移动方法.

($^{79}$) 解法如图 16(c) 所示.

($^{80}$) 六点应分别放在一个正五边形顶点和中心(图 16(d)).

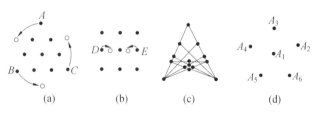

图 16

($^{81}$) 对前一问题的六点再加两点 $A_7$ 和 $A_8$,放在过 $A_1$ 而垂直于图形所在平面的直线上,使 $A_1A_7 = A_1A_8 = A_1A_2$(其中有一个"三角形"顶角为 $180°$).

($^{82}$) 只需通过计算证明线段 $OA,OB,OC,OD,$ $AB,AC,AD,BC,BD,CD$ 长度都一样(均为 1).

（<sup>83</sup>）在构形$(p_m,q_n)$中，直线总数为$q$，如果我们计算：过第一点有$m$条，过第二点有$m$条，……，过第$p$点有$m$条，总共算出$pm$条，但因每条过$n$点，所以算了$n$次，因此$\dfrac{pm}{n}=q$.

（<sup>84</sup>）应估计到，无论依万诺夫是怎样的人，他在回答教师的问题（"你是个认真的人还是个淘气的人？"）时，只能回答："我是个认真的人"①，因此很清楚，彼得洛夫是认真的人，西特洛夫是淘气的人.

（<sup>85</sup>）因在数26,27,28中，只有27能被3整除，所以卡尔金同科姆科夫锯的一米半的木头，因此他们的名字是别佳和哥斯佳，但哥斯佳不是组长，条件中科姆科夫也不是组长，因此，科姆科夫叫哥斯佳.

（<sup>86</sup>）能确定，事实上，从安德烈的回答，他的好友应当明白，他们两人不可能都戴着白帽子. 如果瓦吉木戴的是白帽子，那么巴里斯很容易确定自己所戴帽子的颜色，他确定不了，说明瓦吉木戴着黑帽子. 问题可以推广：有$n$个好友光头坐成一列，且有$2n+1$个帽子（$n$个白的，$n+1$个黑的）.

（<sup>87</sup>）如果设赛列日第二，那么由①，柯利亚不是第三；由④，瓦尼亚不是第四；由⑤，柯利亚是第一，那么，多利亚不是第一；由③知那佳第二，但赛列日第二，矛盾.

如果设柯利亚第三，由①，赛列日不是第二；由④，瓦尼亚第四，因柯利亚第三，那佳不是第三；由②

---

①　如果他回答："我是个淘气的人." 那将是一个悖论，即自相矛盾的说法.

多利亚第五,再由 ③,那佳第二,因而只有赛列日是第一名.名次是:赛列日,那佳,柯利亚,瓦尼亚,多利亚.

(88) 表 3 填写如下,(1)(2)(3)… 表示填写的顺序.

表 3

| 年龄\城市 | 20岁 | 21岁 | 22岁 | 23岁 |
|---|---|---|---|---|
| 基辅 | $A$ 地二足 (5)(17)(28) | $B$ 化四拳 (4)(18)(29) | $C$ 生三排 (22)(30) | $D$ 数一象 |
| 莫斯科 | $E$ 数三拳 (6)(16)(27) | $F$ 生二足 (13)(19) | $G$ 化二象 | $H$ 地四排 (12)(26)(31) |
| 萨拉托夫 | $I$ 化二排 (7)(15) | $J$ 地三象 | $K$ 数四足 (8)(21)(33) | $L$ 生二拳 (9)(25)(34) |
| 费尔干 | $M$ 生四象 (2)(3)(1) | $N$ 数二排 (14)(20)(32) | $O$ 地一拳 (10)(23)(35) | $P$ 化三足 (11)(24)(36) |

(89)① 易见,平方根第一位数字是 3(因它是两位数开方的结果,它平方是 1 位数),要求的平方根的第二位数字只能是 1,因为 $62 \times 2$ 将给出三位数,而不是第四行的 * *.最后,由 $622 \times 2 = 4 * * *$ 推知,$Z$(方根末位数字)只能是 7.

立刻看出,商是 989,因为除数乘以 8 的积仍是 3 位数,而除数乘以商两端的数字所得积都是 4 位数(见除法算式的第 4 行、2 行和 6 行).以 $z$ 表示整个除数,那么 $8z < 1000$,且 $9z \geqslant 1000$,即 $111 < z < 125$.当 $z = 112$ 时,被除数 $= 989 \times 112 = 110768$,而 $110768 \div 112$ 正好出现给定算子.$z = 113,114$ 将不再合适.

② 立刻看出 $r = 1$,因此,$p \neq 1$,但 $p$ 也不可能大于 1,因为如 $p = 2$,那么即使 $c = 9$,在百位数上作加法时还要"进 2"才行,这不可能,故 $p = 0$.易见,$m < 9$,因为若 $m = 0$,在百位上做加法时,得 $e = 0$(因十位上来的最多

是 1,p＝0,故 e 可以为 9 或 0,e＝9 与 м＝9 重复),但与
p＝0 重复,故不可能,所以 м＜9 且 e＝1＋м(因十位不
进位则 e＝м 不可能,故十位要进位 1).显然 c＝9,考虑
十位上的加法,得 o＝8,因为 e＝м＋1 且 o≠c＝9.总
之,把已求得的字母代入,有

$$
\begin{array}{r}
9\ м\ e\ x \\
+\quad 1\ 0\ 8\ м \\
\hline
1\ 0\ e\ м\ и
\end{array}
$$

通过分析 м＝2,3,4,5,6 五种情形,知只有 м＝5 不会
引起矛盾,给出 $9567＋1085＝10652$.

易确定 $n＝0,e＝5$,因为 $i≠0$,所以 $i＝1$(如 $i＝2$,
即使让 $o＝9$,当百位做加法时,还要"进位 3",这不可
能).根据同样原因,$o＝9$,总之有

$$
\begin{array}{r}
f\ 9\ r\ t\ y \\
t\ 5\ 0 \\
+\quad t\ 5\ 0 \\
\hline
s\ l\ x\ t\ y
\end{array}
$$

因此 $s＝f＋1$,且百位做加法时要进 2.但当 $f＝7$ 时,
$s＝8$,百位上最多有 $4＋6＋6＋1＝17＜20$,故不可
能.取 $f＝6,s＝7$,百位上最多 $4＋8＋8＋1＝21$,或少
一点 $3＋8＋8＋1＝20$,$x＝0$ 或 1 与 $n$ 或 $i$ 重复.

同样可验证对 $f＝3,s＝4,x$ 总是同 $s,f,i,n$ 之一
重复.

只当 $f＝2,s＝3$ 而 $r＝7,t＝8$ 时,$x$ 值才合适,这时
$x＝4,y＝6$,结果 $29786＋850＋850＝31486$.

(⁹⁰) ① $\dfrac{过河}{返回}\quad \dfrac{Aa}{\quad}\quad \dfrac{AB}{A}\quad \dfrac{ab}{a}$;

② $\dfrac{过河}{返回}\quad \dfrac{abc}{c}\quad \dfrac{AB}{Bb}\quad \dfrac{BCD}{a}\quad \dfrac{abc}{c}\quad \dfrac{cd}{}$;

③ $\begin{array}{c|cccccc} \text{过河} & abc & cde & ABC & CDE & bcd & de \\ \hline \text{返回} & c & de & cC & & b & d \end{array}$.

(91) 按第一法：$(20,0,0) \to (7,13,0) \to (7,4,9) \to$ $(16,4,0) \to (16,0,4) \to (3,13,4) \to (3,8,9) \to$ $(12,8,0) \to (12,0,8)$. 这成了状态 $(6-1,0,c-1)$，故方法不适用.

按第二法：$(20,0,0) \to (11,0,9) \to (11,9,0) \to$ $(2,9,9) \to (2,13,5) \to (15,0,5) \to (15,5,0) \to$ $(6,5,9) \to (6,13,1) \to (19,0,1) \to (19,1,0) \to$ $(10,1,9) \to (10,10,0)$ 达到了目的.

(92) 第一法：$(16,0,0) \to (4,12,0) \to (4,5,7) \to$ $(11,5,0) \to (11,0,5)$，导出了 $(6-1,0,c-2)$.

按第二法：$(16,0,0) \to (9,0,7) \to (9,7,0) \to$ $(2,7,7) \to (2,12,2) \to (14,0,2) \to (14,2,0) \to$ $(7,2,7) \to (7,9,0) \to (0,9,7) \to (0,12,4) \to$ $(12,0,4) \to (12,4,0) \to (5,4,7) \to (5,11,0)$. 这时，大容器中的液体倒不满小容器，中容器向大或小容器倒都出现循环，因而不适用.

(93) 其外接棱锥底边等于 $2n+1$，而高为 $n+\dfrac{1}{2}$（如果所有各层中心立方体均在一个立柱上的话），因此

$$1^2 + 3^2 + 5^2 + \cdots + (2n-3)^2 + (2n-1)^2$$

$$= \frac{(2n+1)^2\left(n+\dfrac{1}{2}\right)}{3} - 2((2n-1) +$$

$$(2n-3) + \cdots + 5 + 3 + 1) -$$

$$4n \cdot \frac{1}{3} - \frac{1}{6} = \frac{n(4n^2-1)}{3}$$

($^{94}$) 可看出 124 个三角形、31 个正方形、87 个矩形（包括正方形在内）.

($^{95}$) 35 个三角形.

($^{96}$) 78 个三角形、11 个正六边形和 66 个菱形.

($^{97}$)① 设 $N_1(m,n)$ 和 $N_2(m,n)$ 分别表示从"$m \times n$ 一格棋盘"上看出的正方形和矩形数.

如果 $m \leqslant n$，设棋盘格边长为 $a$，则有 $m$ 列宽为 $a$，每列有 $n$ 个边为 $a$ 的正方形；$m-1$ 列宽 $2a$，每列有 $n-1$ 个边长为 $2a$ 的正方形；……；一列宽为 $ma$，有 $n-m+1$ 个边为 $ma$ 的正方形，因此

$$N_1(m,n) = mn + (m-1)(n-1) + \cdots + 2(n-m+2) + 1(n-m+1)$$

在"$m \times n$ 一格棋盘"上选各种宽的列有 $\dfrac{m(m+1)}{2}$ 种方法（宽为 $a$ 的有 $m$ 列，宽为 $2a$ 的有 $m-1$ 列，……，宽为 $ma$ 的有 1 列），在选定一列以后，从中可以看出 $\dfrac{n(n+1)}{2}$ 个底等于该列宽度的矩形（高为 $a$ 的 $n$ 个，高为 $2a$ 的 $n-1$ 个，……，高为 $(n-1)a$ 的 2 个，高为 $na$ 的 1 个）. 因此 $N_2(m,n) = \dfrac{m(m+1)}{2} \cdot \dfrac{n(n+1)}{2}$.

特别 $N_1(n,n) = n^2 + (n-1)^2 + \cdots + 2^2 + 1^2 = \dfrac{n(n+1)(2n+1)}{6}$，$N_2(n,n) = \dfrac{n^2(n+1)^2}{4}$；$N_1(8,8) = 204$，$N_2(8,8) = 1296$.

② 在"$10^3$ 一格立方体"的底上选取边为 $K$ cm 的正方形，有 $(10-K+1)^2$ 种方法，在选定底上的一列中共有 $10-K+1$ 个棱为 $K$ 的立方体，因此"$10^3$ 一格立方体"中共可看出 $(10-K+1)^3$ 个棱为 $K$ 的立方体. $K$

可取 1 到 10 的任意数，所以总共有 $1^3 + 2^3 + \cdots + 10^3 = 3025$ 个立方体.

因在"$10^3$ 一格立方体"底上选矩形有 $N_2(10, 10) = 55^2 = 3025$ 种方法，底选定以后，其上的一列可看出 $55 (= 10 + 9 + 8 + \cdots + 2 + 1)$ 个长方体，因此，共有 $55^3 = 166375$ 个长方体.

(98) 44 种方法.

(99) 把如下恒等式

$$\begin{cases} \sin \alpha \sin \dfrac{\alpha}{2} = \dfrac{1}{2} \cos \dfrac{\alpha}{2} - \dfrac{1}{2} \cos \dfrac{3\alpha}{2} \\ \sin 2\alpha \sin \dfrac{\alpha}{2} = \dfrac{1}{2} \cos \dfrac{3\alpha}{2} - \dfrac{1}{2} \cos \dfrac{5\alpha}{2} \\ \quad\quad\quad\vdots \\ \sin n\alpha \sin \dfrac{\alpha}{2} = \dfrac{1}{2} \cos \dfrac{(2n-1)\alpha}{2} - \dfrac{1}{2} \cos \dfrac{(2n+1)\alpha}{2} \end{cases}$$

两边相加再除以 $\sin \dfrac{\alpha}{2}$ 即得.

$$(100) \left[ 3(10^k + 10^{k-1} + \cdots + 10 + 1)n + 1 \right]^2$$
$$= \left[ \frac{n(10^{k+1} - 1)}{2} + 1 \right]^2$$
$$= \frac{n^2(10^{2k+2} - 2 \times 10^{k+1} + 1)}{9} +$$
$$\quad \frac{2n(10^{k+1} - 1)}{3} + 1$$
$$= n^2 \frac{10^{2n+2} - 10^{k+1}}{10 - 1} + (6n - n^2) \frac{10^k - 1}{10 - 1} + 1$$
$$= n^2 (10^{2k+1} + 10^{2k} + \cdots + 10^{k+1}) +$$
$$\quad (6n - n^2)(10^k + 10^{k-1} + \cdots + 1) + 1$$

(101) 这时，$A$ 中的溶液的体积不变，所以倒入 $A$ 中的酒精体积将等于倒入 $B$ 中水的体积，就是 $\dfrac{na}{n+a}$ cm³（注

意均匀混合这条件).

($^{102}$) 因每人有 8 个高祖父和 8 个高祖母,而这 16 人中每人又有前四代的直接高祖 16 人,因而总数为 $16 \times 16 = 256$ 人. 如这"八代"祖先中有表兄妹等结婚的,总数少于 256.

($^{103}$) 仍是 $15'$;如果连接 $\angle ABC$ 的某两点 $A$,$C$,那么通过放大镜我们将看到同 $\triangle ABC$ 具有同样内角的相似 $\triangle AB'C'$.

($^{104}$) 增加 $25\%$. (例如,在降价前每千克土豆 $a$ 元,那么降价后每千克 $0.8a$ 元,$a\%$ 元可买 $1.25$ kg).

($^{105}$) 是 $50\%$($= (1 + 20\%)(1 + 25\%) - 1$).

($^{106}$)44 次(在一昼夜中分针走 24 转,而时针走 2 转. 因此,分针要超过时针 22 次,而在每两次"超过"之间,时针和分针两次构成直角).

($^{107}$) 设现在柯利亚 $x$ 岁,奥利亚 $y$ 岁,由问题条件推出,当柯利亚 $y$ 岁时,鲍利亚姑姑 $x + y$ 岁. 就是说,鲍利亚比柯利亚大 $x$ 岁,或说她现在 $2x$ 岁. 在 $x$ 年前她"像柯利亚那么大"时,柯利亚还是个新生儿.

($^{108}$) 飞行员看到的是一只白熊,因为由条件 $AB = AC$ 推出,点 $A$ 正好是北极,点 $C$ 在北极圈内($A$ 也可能是距南极不远的某地(见($^{121}$)),但那里没有熊).

($^{109}$) 以 $10a + b(0 \leqslant b \leqslant 9)$ 表示牛数,$A$ 与 $B$ 卖牛所得总钱数为 $100a^2 + 20ab + b^2$ 元,其中一部分: $100a^2 + 20ab$ 每次轮流取 10 元已取走,剩下的($b^2$ 元)所含的 10 元数应为奇数,因为当 $A$ 最后一次取 10 元之后,剩下的已少于 10 元. 对于 $b = 0, 1, \cdots, 9, b^2 = 0$, $1, 4, 9, 16, 25, 36, 49, 64, 81$. 只有 16 和 36 的十位数码是奇数,所以余下的是 6 元. 由方程 $10 - x = 6 + x$ 求

出,他钱包中的零钱 $x=2$ 元.

($^{110}$) 设丈夫们分别买了 $s,x,z$ 件物品,他们的妻子分别买了 $t,y,w$ 件物品.那么

$$s^2-t^2=x^2-y^2=z^2-w^2=45$$

或

$$(s+t)(s-t)=(x+y)(x-y)$$
$$=(z+w)(z-w)=45$$

但 45 分解为两因数之积只有三种方法:$45=45\times1=15\times3=9\times5$.由 $s+t=45,s-t=1$ 求出 $s=23,t=22$.类似得 $x=9,y=6,z=7,w=2$.因此,丈夫们花的钱数为:尤利 529 元,阿列克山德尔 81 元,罗金 49 元,而他们的妻子花的钱数分别为:塔吉亚娜 484 元,尼娜 36 元,奥利佳 4 元.

($^{111}$) 设在一般情形下,全部钱数为 $x$ 元(当每次分出的是余下部分的 $\dfrac{1}{n+1}$ 时),那么

$$1+\frac{x-1}{n+1}=2+\frac{x-3-\dfrac{x-1}{n+1}}{n+1}$$

于是 $x=n^2$.第一个儿童分得(元数):$1+\dfrac{n^2-1}{n+1}=n$,第二个:$2+\dfrac{n^2-n+2}{n+1}=2+(n-2)=n$,第三个:$3+\dfrac{n^2-2n-3}{n+1}=3+(n-3)=n$,等等.如假设前 $k$ 个儿童均得了 $n$ 元,那么第 $k+1$ 个儿童为:$k+1+\dfrac{n^2-kn-(k+1)}{n+1}=k+1+n-(k+1)=n$.由此推知,$n$ 个儿童每人 $n$ 元.

($^{112}$) 如格列布徒步走了 $x\,\mathrm{km}$(在末段),那么巴维

222

尔开始一段徒步也走了 $x$ km(因同时到达 $N$). 当格列步以速度 $u$ 走了 $x$ 公里时,尤利开车以速度 $v$ 走了 $(2s-3x)$ km$(s-2x$ 用于迎接巴维尔,$s-x$ 用于追赶格列布),因此 $\dfrac{x}{2s-3x}=\dfrac{u}{v}$,$x=\dfrac{2su}{v+3u}$,用去时间为

$$\frac{x}{u}+\frac{s-x}{v}=\frac{s(u+3v)}{v(v+3u)}\text{ h.}$$

$(^{113})$ 表盘上有 60 个"分刻度". 设工作开始于 4 时 $x$ 分,而结束于 7 时 $y$ 分,因为时针运动速度是分针的 $\dfrac{1}{12}$,所以有方程 $x=12(y-20)$,$y=12(x-35)$,于是 $x=\dfrac{5280}{143}=x_0$,$y=\dfrac{3330}{143}=y_0$. 容易验证 $x_0-30=30-y_0$(图 17).

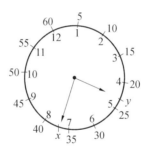

图 17

$(^{114})$ 如果时、分针交换位置后仍有意义的读数是 "$m$ 点 $x$ 分"和"$n$ 点 $y$ 分",那么 $x=12(y-5m)$,$y=12(x-5n)$,于是 $x=\dfrac{60(m+12n)}{143}$,$y=\dfrac{6(n+12m)}{143}$.

因为 $m$ 和 $n$ 均在 0 到 11 间变化,所以对每一组 $m,n(m\neq n)$,当两针可以"不碍事地"交换位置时,可得两个时刻,在 12 点以前这种时刻有 $132(=2C_{12}^2)$ 个,在一昼夜之内有 264 次.

此外,在一昼夜之中,两针还重合 22 次,即它们可以不改变自己的位置而"交换位置".

($^{115}$)每一个 $s$ 位数 $n$ 满足条件:$10^{s-1} \leqslant n < 10^s$. 全部 $s$ 位数共有 $9 \times 10^{s-1}$ 个,其中数字的总数为 $9s \times 10^{s-1}$ 个. 在所有 $s$ 位数中,最高位数字不为 0,而其他位上的数字可以为 0,且与其他数字出现同样次数. 因此,在所有 $s$ 位数中,0 的个数等于 $\dfrac{9s \times 10^{s-1} - 9 \times 10^{s-1}}{10} = 9(s-1) \times 10^{s-2}$(正好是 $(s-1)$ 位数的全部数字个数).

如果 $N_1$ 表示数列 $1,2,\cdots,10^k$ 中数字总数,$N_2$ 表示数列 $1,2,\cdots,10^{k+1}$ 中零的总数,那么 $N_1 = N_2 = 9 + 9 \times 2 \times 10 + 9 \times 3 \times 10^2 + \cdots + 9 \times 10 \times 10^{k-1} + k + 1$($k+1$ 是 $10^k$ 中数字个数或 $10^{k+1}$ 中零的个数).

($^{116}$)把图形 $s$ 随意放在纸上(图 18),设想有一部分被图形占据的格平移到格 $\omega$ 上,这时,图形所占的区域可能有一部分互相重叠.

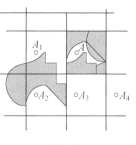

图 18

在格 $\omega$ 中,必定可找到一点 $A$ 未被图形 $s$ 的片断盖住,在其他格中相当于 $A$ 在 $\omega$ 中位置的点 $A_1, A_2, \cdots$ 也不会被图形盖住,所以只需将 $s$ 下面的纸片加以移动,使格点位于 $A, A_1, A_2, \cdots$ 就行了.

($^{117}$)如果给定空间两条任意放置的直线 $l_1, l_2$ 和任一点 $A$,一般总可过 $A$ 作直线 $m$ 同 $l_1, l_2$ 都相交($l_1 \mathbin{/\!/} l_2$ 且 $A$ 不在 $l_1, l_2$ 确定的平面上时,作不出). 作

法是:过 $A,l_1$ 作平面 $\alpha$,过 $A$ 和 $l_2$ 作平面 $\beta$,则 $\alpha$ 与 $\beta$ 的交线即为 $m$.

在 $l_3$ 上取不同的点作为点 $A$,我们就得到无限多条直线 $m_1,m_2,\cdots$,其中每一条都与直线 $l_1,l_2,l_3$ 相交.直线 $m_1,m_2,m_3,\cdots$ 构成一个直纹曲面.一般说来,直线 $l_4$ 同这直纹曲面交于它的某条直线 $m_i$ 上的一点 $B$.则 $m_i$ 就同 $l_1,l_2,l_3,l_4$ 都相交.

$(^{118})$ 设 $R_s$ 为圆 $C_s(0\leqslant s\leqslant 1000)$ 的半径,$O$ 为圆 $C_0$ 的圆心,$O_m$ 为 $C_m(1\leqslant m\leqslant 1000)$ 的圆心. $R_0,R_k$ 和 $R_{k+1}$ 满足关系式

$$R_{k+1}=\frac{R_0R_k}{(\sqrt{R_0}-\sqrt{R_k})^2} \qquad ①$$

由 $\triangle OO_kA$(图 19):

$$(R_0+R_k)^2-(R-R_k)^2=x^2,x=2\sqrt{R_0R_k}$$

类似得:

$$x+y=2\sqrt{R_0R_{k+1}},y=2\sqrt{R_kR_{k+1}}$$

故 $\sqrt{R_0R_{k+1}}-\sqrt{R_kR_{k+1}}=\sqrt{R_0R_k}$)以 km 为单位表示半径长,则 $R_0=1,R_1=10^{-6}$. 按公式 ①

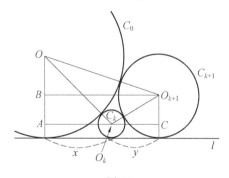

图 19

$$R_2 = \frac{1 \cdot 10^{-6}}{(1-10^{-3})^2} = \frac{1}{999^2}, R_3 = \frac{1}{998^2}$$

设

$$R_m = \frac{1}{(1000-m+1)^2} \qquad \text{②}$$

则由 ①

$$R_{m+1} = 1 \cdot \frac{1}{(1000-m+1)^2} : \left(1 - \frac{1}{1000-m+1}\right)^2$$

$$= \frac{1}{(1000-m)^2}$$

故对任何 $m \leqslant 1000$，② 成立，且 $R_{1000}=1$. 但不可能作出圆 $C_{1001}$.

($^{119}$) 设"落在"平面 $xOy$ 上的射线 $m$ 的方向以单位向量 $\boldsymbol{e} = \overrightarrow{AO} = (e_x, e_y, e_z)$ 来表示(括号中是 $\boldsymbol{e}$ 的平行于坐标轴的分量)，通过平面 $xOy$ (或其平行平面)反射以后的射线 $m'$ 的方向将有单位向量 $\boldsymbol{e}_1 = (e_x, e_y, -e_z)$(图 20).

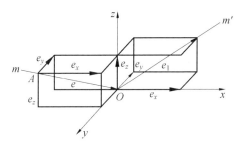

图 20

射线 $m'$ 经过平行于平面 $xOy$ 的平面反射后所得射线 $m''$，以及 $m''$ 经过平行于 $yOz$ 的平面反射后所得平面 $m'''$ 的单位向量将是 $\boldsymbol{e}_2 = (e_x, -e_y, -e_z)$ 和 $\boldsymbol{e} = (-e_x, -e_y, -e_z)$，因此 $m''' /\!/ m$ 且与 $m$ 方向相反.

$(^{120})$ 表示要求射线的单位向量 $e = (\alpha, \beta, \gamma)$ 的分量 $\alpha, \beta, \gamma$(平行于长方体的棱)通过长方体各面反射后,其大小不变,因此,当想象的点沿"射线降落"和沿所有反射线移动时,它沿着每一个轴 $Ox, Oy, Oz$ 方向的总的位移(看作是向上下,左右,前后)将同数 $|\alpha|$, $|\beta|$, $|\gamma|$ 成比例.

但当一点通过所有面反射后返回出发点时,这总位移将等于长方体棱长 $a, b, c$ 的 2 倍,因此 $|\alpha| : |\beta| : |\gamma| = a : b : c$. 即光线应平行于长方体一条对角线而发射.

$(^{121})$ 显然解:$A$ 是北极;不太显然的解:$A$ 是南半球的纬度圈 $l'$ 上任意一点,而 $l'$ 距长为 $\dfrac{2000}{n}$ km 的纬度圈 $l$ 2000 km($n$ 为自然数).

$(^{122})$ 因飞机向东飞了 $a$ km,而最终却在列宁格勒东 $3a$ km,所以若它是沿着半径为 $r_1$ 的纬度圈 $\varphi$ 向东飞的,则 $r_1$ 的 3 倍正等于列宁格勒的纬度圈(北纬 $60°$)的半径 $r$;因此命 $R\cos\varphi = r_1 = \dfrac{r}{3} = \dfrac{R\cos 60°}{3} = \dfrac{R}{6}$,于是 $\varphi \approx 80°30'$(在图 21 上给出了北半球在平行于地轴的平面上的投影). 因此,在"$60°$ 纬度圈"和"$80°30'$ 纬度圈"间的经圈长 $a \approx \dfrac{40000 \text{ km} \times 20.5}{360} \approx 2278 \text{ km}$.

$(^{123})$ 应估计到,球面三角形 $ABC$ 的内角之和通常大于 $180°$,而面积按公式 $S_{ABC} = (\alpha + \beta + \gamma - \pi)R^2$ 计算,其中 $\alpha, \beta, \gamma$ 分别为角 $A, B, C$ 的弧度数.

事实上,如果延长球面三角形 $ABC$ 的某一对边(图 22),就得到"球面二角形":$ABA'CA, BAB'CB, CAC'BC$,这些曲面的面积

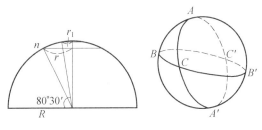

图 21          图 22

$$S_{ABA'CA} = 4\pi R^2 \frac{\alpha}{2\pi} \qquad\qquad ①$$

$$S_{BAB'CB} = 4\pi R^2 \frac{\beta}{2\pi} \qquad\qquad ②$$

和

$$S_{CAC'BC} = S_{ABC} + S_{ABC'} = 4\pi R^2 \frac{\gamma}{2\pi}$$

如果在最后等式中以 $S_{A'B'C}$ 代 $S_{ABC'}$,那么得

$$S_{ABC} + S_{A'B'C} = 4\pi R^2 \frac{\gamma}{2\pi}$$

(球面三角形 $ABC'$ 和 $A'B'C$ 的边对应相等,一般说来,管它们不能重合,但可以证明 $S_{A'B'C} = S_{ABC'}$). 等式 ①②③ 两边分别相加,即得

$$2S_{ABC} + 2\pi R^2 = 2R^2(\alpha + \beta + \gamma)$$

由此即得 $S_{ABC} = (\alpha + \beta + \gamma - \pi)R^2$. 例如,由两条夹角为直角的子午线弧和赤道构成的三角形,每个角都是 $\frac{\pi}{2}$,则 $S_{\triangle} = \left(\frac{\pi}{2} + \frac{\pi}{2} + \frac{\pi}{2} - \pi\right)R^2 = \frac{\pi R^2}{2}$(正是球面积的 $\frac{1}{8}$).

($^{124}$)因地球半径 $R = 6370$ km,而给定球面三角形面积 $s \approx \frac{\sqrt{3}}{4}$ km². 于是若设 $\angle A = \angle B = \angle C = \alpha$ 弧度,

228

我们得到（见前面的注）

$$3\alpha - \pi = \frac{S}{R^2} \approx \frac{\sqrt{3}}{4 \times 6370^2}（弧度）$$

求出 $\alpha$，并以 $\dfrac{180 \times 60 \times 60}{\pi}$ 乘而化为秒即得结果.

（[125]）在图 23 上，给出了三个绳套的三种编结方法，两种方法不难推广到 $n$ 个绳套编结的情形，这时，如果剪开任何一个绳套，其他绳套可以不剪而自行分离.

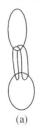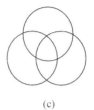

(a)　　　　　　　(b)　　　　　　　(c)

图 23

# 刘培杰数学工作室
## 已出版(即将出版)图书目录——初等数学

| 书　　名 | 出版时间 | 定　价 | 编号 |
|---|---|---|---|
| 新编中学数学解题方法全书(高中版)上卷(第2版) | 2018—08 | 58.00 | 951 |
| 新编中学数学解题方法全书(高中版)中卷(第2版) | 2018—08 | 68.00 | 952 |
| 新编中学数学解题方法全书(高中版)下卷(一)(第2版) | 2018—08 | 58.00 | 953 |
| 新编中学数学解题方法全书(高中版)下卷(二)(第2版) | 2018—08 | 58.00 | 954 |
| 新编中学数学解题方法全书(高中版)下卷(三)(第2版) | 2018—08 | 68.00 | 955 |
| 新编中学数学解题方法全书(初中版)上卷 | 2008—01 | 28.00 | 29 |
| 新编中学数学解题方法全书(初中版)中卷 | 2010—07 | 38.00 | 75 |
| 新编中学数学解题方法全书(高考复习卷) | 2010—01 | 48.00 | 67 |
| 新编中学数学解题方法全书(高考真题卷) | 2010—01 | 38.00 | 62 |
| 新编中学数学解题方法全书(高考精华卷) | 2011—03 | 68.00 | 118 |
| 新编平面解析几何解题方法全书(专题讲座卷) | 2010—01 | 18.00 | 61 |
| 新编中学数学解题方法全书(自主招生卷) | 2013—08 | 88.00 | 261 |
| 数学奥林匹克与数学文化(第一辑) | 2006—05 | 48.00 | 4 |
| 数学奥林匹克与数学文化(第二辑)(竞赛卷) | 2008—01 | 48.00 | 19 |
| 数学奥林匹克与数学文化(第二辑)(文化卷) | 2008—07 | 58.00 | 36' |
| 数学奥林匹克与数学文化(第三辑)(竞赛卷) | 2010—01 | 48.00 | 59 |
| 数学奥林匹克与数学文化(第四辑)(竞赛卷) | 2011—08 | 58.00 | 87 |
| 数学奥林匹克与数学文化(第五辑) | 2015—06 | 98.00 | 370 |
| 世界著名平面几何经典著作钩沉——几何作图专题卷(共3卷) | 2022—01 | 198.00 | 1460 |
| 世界著名平面几何经典著作钩沉(民国平面几何老课本) | 2011—03 | 38.00 | 113 |
| 世界著名平面几何经典著作钩沉(建国初期平面三角老课本) | 2015—08 | 38.00 | 507 |
| 世界著名解析几何经典著作钩沉——平面解析几何卷 | 2014—01 | 38.00 | 264 |
| 世界著名数论经典著作钩沉——算术卷 | 2012—01 | 28.00 | 125 |
| 世界著名数学经典著作钩沉——立体几何卷 | 2011—02 | 28.00 | 88 |
| 世界著名三角学经典著作钩沉(平面三角卷Ⅰ) | 2010—06 | 28.00 | 69 |
| 世界著名三角学经典著作钩沉(平面三角卷Ⅱ) | 2011—01 | 38.00 | 78 |
| 世界著名初等数论经典著作钩沉(理论和实用算术卷) | 2011—07 | 38.00 | 126 |
| 世界著名几何经典著作钩沉(解析几何卷) | 2022—10 | 68.00 | 1564 |
| 发展你的空间想象力(第3版) | 2021—01 | 98.00 | 1464 |
| 空间想象力进阶 | 2019—05 | 68.00 | 1062 |
| 走向国际数学奥林匹克的平面几何试题诠释.第1卷 | 2019—07 | 88.00 | 1043 |
| 走向国际数学奥林匹克的平面几何试题诠释.第2卷 | 2019—09 | 78.00 | 1044 |
| 走向国际数学奥林匹克的平面几何试题诠释.第3卷 | 2019—03 | 78.00 | 1045 |
| 走向国际数学奥林匹克的平面几何试题诠释.第4卷 | 2019—09 | 98.00 | 1046 |
| 平面几何证明方法全书 | 2007—08 | 35.00 | 1 |
| 平面几何证明方法全书习题解答(第2版) | 2006—12 | 18.00 | 10 |
| 平面几何天天练上卷·基础篇(直线型) | 2013—01 | 58.00 | 208 |
| 平面几何天天练中卷·基础篇(涉及圆) | 2013—01 | 28.00 | 234 |
| 平面几何天天练下卷·提高篇 | 2013—01 | 58.00 | 237 |
| 平面几何专题研究 | 2013—07 | 98.00 | 258 |
| 平面几何解题之道.第1卷 | 2022—05 | 38.00 | 1494 |
| 几何学习题集 | 2020—10 | 48.00 | 1217 |
| 通过解题学习代数几何 | 2021—04 | 88.00 | 1301 |
| 圆锥曲线的奥秘 | 2022—06 | 88.00 | 1541 |

# 刘培杰数学工作室
# 已出版(即将出版)图书目录——初等数学

| 书　名 | 出版时间 | 定　价 | 编号 |
|---|---|---|---|
| 最新世界各国数学奥林匹克中的平面几何试题 | 2007-09 | 38.00 | 14 |
| 数学竞赛平面几何典型题及新颖解 | 2010-07 | 48.00 | 74 |
| 初等数学复习及研究(平面几何) | 2008-09 | 68.00 | 38 |
| 初等数学复习及研究(立体几何) | 2010-06 | 38.00 | 71 |
| 初等数学复习及研究(平面几何)习题解答 | 2009-01 | 58.00 | 42 |
| 几何学教程(平面几何卷) | 2011-03 | 68.00 | 90 |
| 几何学教程(立体几何卷) | 2011-07 | 68.00 | 130 |
| 几何变换与几何证题 | 2010-06 | 88.00 | 70 |
| 计算方法与几何证题 | 2011-06 | 28.00 | 129 |
| 立体几何技巧与方法(第2版) | 2022-10 | 168.00 | 1572 |
| 几何瑰宝——平面几何500名题暨1500条定理(上、下) | 2021-07 | 168.00 | 1358 |
| 三角形的解法与应用 | 2012-07 | 18.00 | 183 |
| 近代的三角形几何学 | 2012-07 | 48.00 | 184 |
| 一般折线几何学 | 2015-08 | 48.00 | 503 |
| 三角形的五心 | 2009-06 | 28.00 | 51 |
| 三角形的六心及其应用 | 2015-10 | 68.00 | 542 |
| 三角形趣谈 | 2012-08 | 28.00 | 212 |
| 解三角形 | 2014-01 | 28.00 | 265 |
| 探秘三角形:一次数学旅行 | 2021-10 | 68.00 | 1387 |
| 三角学专门教程 | 2014-09 | 28.00 | 387 |
| 图天下几何新题试卷.初中(第2版) | 2017-11 | 58.00 | 855 |
| 圆锥曲线习题集(上册) | 2013-06 | 68.00 | 255 |
| 圆锥曲线习题集(中册) | 2015-01 | 78.00 | 434 |
| 圆锥曲线习题集(下册·第1卷) | 2016-10 | 78.00 | 683 |
| 圆锥曲线习题集(下册·第2卷) | 2018-01 | 98.00 | 853 |
| 圆锥曲线习题集(下册·第3卷) | 2019-10 | 128.00 | 1113 |
| 圆锥曲线的思想方法 | 2021-08 | 48.00 | 1379 |
| 圆锥曲线的八个主要问题 | 2021-10 | 48.00 | 1415 |
| 论九点圆 | 2015-05 | 88.00 | 645 |
| 近代欧氏几何学 | 2012-03 | 48.00 | 162 |
| 罗巴切夫斯基几何学及几何基础概要 | 2012-07 | 28.00 | 188 |
| 罗巴切夫斯基几何学初步 | 2015-06 | 28.00 | 474 |
| 用三角、解析几何、复数、向量计算解数学竞赛几何题 | 2015-03 | 48.00 | 455 |
| 用解析法研究圆锥曲线的几何理论 | 2022-05 | 48.00 | 1495 |
| 美国中学几何教程 | 2015-04 | 88.00 | 458 |
| 三线坐标与三角形特征点 | 2015-04 | 98.00 | 460 |
| 坐标几何学基础.第1卷,笛卡儿坐标 | 2021-08 | 48.00 | 1398 |
| 坐标几何学基础.第2卷,三线坐标 | 2021-09 | 28.00 | 1399 |
| 平面解析几何方法与研究(第1卷) | 2015-05 | 18.00 | 471 |
| 平面解析几何方法与研究(第2卷) | 2015-06 | 18.00 | 472 |
| 平面解析几何方法与研究(第3卷) | 2015-07 | 18.00 | 473 |
| 解析几何研究 | 2015-01 | 38.00 | 425 |
| 解析几何学教程.上 | 2016-01 | 38.00 | 574 |
| 解析几何学教程.下 | 2016-01 | 38.00 | 575 |
| 几何学基础 | 2016-01 | 58.00 | 581 |
| 初等几何研究 | 2015-02 | 58.00 | 444 |
| 十九和二十世纪欧氏几何学中的片段 | 2017-01 | 58.00 | 696 |
| 平面几何中考.高考.奥数一本通 | 2017-07 | 28.00 | 820 |
| 几何学简史 | 2017-08 | 28.00 | 833 |
| 四面体 | 2018-01 | 48.00 | 880 |
| 平面几何证明方法思路 | 2018-12 | 68.00 | 913 |
| 折纸中的几何练习 | 2022-09 | 48.00 | 1559 |
| 中学新几何学(英文) | 2022-10 | 98.00 | 1562 |
| 线性代数与几何 | 2023-04 | 68.00 | 1633 |
| 四面体几何学引论 | 2023-06 | 68.00 | 1648 |

# 刘培杰数学工作室
# 已出版(即将出版)图书目录——初等数学

| 书　名 | 出版时间 | 定价 | 编号 |
|---|---|---|---|
| 平面几何图形特性新析.上篇 | 2019—01 | 68.00 | 911 |
| 平面几何图形特性新析.下篇 | 2018—06 | 88.00 | 912 |
| 平面几何范例多解探究.上篇 | 2018—04 | 48.00 | 910 |
| 平面几何范例多解探究.下篇 | 2018—12 | 68.00 | 914 |
| 从分析解题过程学解题:竞赛中的几何问题研究 | 2018—07 | 68.00 | 946 |
| 从分析解题过程学解题:竞赛中的向量几何与不等式研究(全2册) | 2019—06 | 138.00 | 1090 |
| 从分析解题过程学解题:竞赛中的不等式问题 | 2021—01 | 48.00 | 1249 |
| 二维、三维欧氏几何的对偶原理 | 2018—12 | 38.00 | 990 |
| 星形大观及闭折线论 | 2019—03 | 68.00 | 1020 |
| 立体几何的问题和方法 | 2019—11 | 58.00 | 1127 |
| 三角代换论 | 2021—05 | 58.00 | 1313 |
| 俄罗斯平面几何问题集 | 2009—08 | 88.00 | 55 |
| 俄罗斯立体几何问题集 | 2014—03 | 58.00 | 283 |
| 俄罗斯几何大师——沙雷金论数学及其他 | 2014—01 | 48.00 | 271 |
| 来自俄罗斯的5000道几何习题及解答 | 2011—03 | 58.00 | 89 |
| 俄罗斯初等数学问题集 | 2012—05 | 38.00 | 177 |
| 俄罗斯函数问题集 | 2011—03 | 38.00 | 103 |
| 俄罗斯组合分析问题集 | 2011—01 | 48.00 | 79 |
| 俄罗斯初等数学万题选——三角卷 | 2012—11 | 38.00 | 222 |
| 俄罗斯初等数学万题选——代数卷 | 2013—08 | 68.00 | 225 |
| 俄罗斯初等数学万题选——几何卷 | 2014—01 | 68.00 | 226 |
| 俄罗斯《量子》杂志数学征解问题100题选 | 2018—08 | 48.00 | 969 |
| 俄罗斯《量子》杂志数学征解问题又100题选 | 2018—08 | 48.00 | 970 |
| 俄罗斯《量子》杂志数学征解问题 | 2020—05 | 48.00 | 1138 |
| 463个俄罗斯几何老问题 | 2012—01 | 28.00 | 152 |
| 《量子》数学短文精粹 | 2018—09 | 38.00 | 972 |
| 用三角、解析几何等计算来自俄罗斯的几何题 | 2019—11 | 88.00 | 1119 |
| 基谢廖夫平面几何 | 2022—01 | 48.00 | 1461 |
| 基谢廖夫立体几何 | 2023—04 | 48.00 | 1599 |
| 数学:代数,数学分析和几何(10—11年级) | 2021—01 | 48.00 | 1250 |
| 直观几何学:5—6年级 | 2022—04 | 58.00 | 1508 |
| 几何学:第2版.7—9年级 | 2023—08 | 68.00 | 1684 |
| 平面几何:9—11年级 | 2022—10 | 48.00 | 1571 |
| 立体几何.10—11年级 | 2022—01 | 58.00 | 1472 |
|  |  |  |  |
| 谈谈素数 | 2011—03 | 18.00 | 91 |
| 平方和 | 2011—03 | 18.00 | 92 |
| 整数论 | 2011—05 | 38.00 | 120 |
| 从整数谈起 | 2015—10 | 28.00 | 538 |
| 数与多项式 | 2016—01 | 38.00 | 558 |
| 谈谈不定方程 | 2011—05 | 28.00 | 119 |
| 质数漫谈 | 2022—07 | 68.00 | 1529 |
|  |  |  |  |
| 解析不等式新论 | 2009—06 | 68.00 | 48 |
| 建立不等式的方法 | 2011—03 | 98.00 | 104 |
| 数学奥林匹克不等式研究(第2版) | 2020—07 | 68.00 | 1181 |
| 不等式研究(第三辑) | 2023—08 | 198.00 | 1673 |
| 不等式的秘密(第一卷)(第2版) | 2014—02 | 38.00 | 286 |
| 不等式的秘密(第二卷) | 2014—01 | 38.00 | 268 |
| 初等不等式的证明方法 | 2010—06 | 38.00 | 123 |
| 初等不等式的证明方法(第二版) | 2014—11 | 38.00 | 407 |
| 不等式·理论·方法(基础卷) | 2015—07 | 38.00 | 496 |
| 不等式·理论·方法(经典不等式卷) | 2015—07 | 38.00 | 497 |
| 不等式·理论·方法(特殊类型不等式卷) | 2015—07 | 48.00 | 498 |
| 不等式探究 | 2016—03 | 38.00 | 582 |
| 不等式探秘 | 2017—01 | 88.00 | 689 |
| 四面体不等式 | 2017—01 | 68.00 | 715 |
| 数学奥林匹克中常见重要不等式 | 2017—09 | 38.00 | 845 |

| 书　名 | 出版时间 | 定　价 | 编号 |
|---|---|---|---|
| 三正弦不等式 | 2018－09 | 98.00 | 974 |
| 函数方程与不等式:解法与稳定性结果 | 2019－04 | 68.00 | 1058 |
| 数学不等式.第1卷,对称多项式不等式 | 2022－05 | 78.00 | 1455 |
| 数学不等式.第2卷,对称有理不等式与对称无理不等式 | 2022－05 | 88.00 | 1456 |
| 数学不等式.第3卷,循环不等式与非循环不等式 | 2022－05 | 88.00 | 1457 |
| 数学不等式.第4卷,Jensen不等式的扩展与加细 | 2022－05 | 88.00 | 1458 |
| 数学不等式.第5卷,创建不等式与解不等式的其他方法 | 2022－05 | 88.00 | 1459 |
| 同余理论 | 2012－05 | 38.00 | 163 |
| [x]与{x} | 2015－04 | 48.00 | 476 |
| 极值与最值.上卷 | 2015－06 | 28.00 | 486 |
| 极值与最值.中卷 | 2015－06 | 38.00 | 487 |
| 极值与最值.下卷 | 2015－06 | 28.00 | 488 |
| 整数的性质 | 2012－11 | 38.00 | 192 |
| 完全平方数及其应用 | 2015－08 | 78.00 | 506 |
| 多项式理论 | 2015－10 | 88.00 | 541 |
| 奇数、偶数、奇偶分析法 | 2018－01 | 98.00 | 876 |
| 不定方程及其应用.上 | 2018－12 | 58.00 | 992 |
| 不定方程及其应用.中 | 2019－01 | 78.00 | 993 |
| 不定方程及其应用.下 | 2019－02 | 98.00 | 994 |
| Nesbitt不等式加强式的研究 | 2022－06 | 128.00 | 1527 |
| 最值定理与分析不等式 | 2023－02 | 78.00 | 1567 |
| 一类积分不等式 | 2023－02 | 88.00 | 1579 |
| 邦费罗尼不等式及概率应用 | 2023－05 | 58.00 | 1637 |
| 历届美国中学生数学竞赛试题及解答(第一卷)1950—1954 | 2014－07 | 18.00 | 277 |
| 历届美国中学生数学竞赛试题及解答(第二卷)1955—1959 | 2014－04 | 18.00 | 278 |
| 历届美国中学生数学竞赛试题及解答(第三卷)1960—1964 | 2014－06 | 18.00 | 279 |
| 历届美国中学生数学竞赛试题及解答(第四卷)1965—1969 | 2014－04 | 28.00 | 280 |
| 历届美国中学生数学竞赛试题及解答(第五卷)1970—1972 | 2014－06 | 18.00 | 281 |
| 历届美国中学生数学竞赛试题及解答(第六卷)1973—1980 | 2017－07 | 18.00 | 768 |
| 历届美国中学生数学竞赛试题及解答(第七卷)1981—1986 | 2015－01 | 18.00 | 424 |
| 历届美国中学生数学竞赛试题及解答(第八卷)1987—1990 | 2017－05 | 18.00 | 769 |
| 历届中国数学奥林匹克试题集(第3版) | 2021－10 | 58.00 | 1440 |
| 历届加拿大数学奥林匹克试题集 | 2012－08 | 38.00 | 215 |
| 历届美国数学奥林匹克试题集 | 2023－08 | 98.00 | 1681 |
| 历届波兰数学竞赛试题集.第1卷,1949～1963 | 2015－03 | 18.00 | 453 |
| 历届波兰数学竞赛试题集.第2卷,1964～1976 | 2015－03 | 18.00 | 454 |
| 历届巴尔干数学奥林匹克试题集 | 2015－05 | 38.00 | 466 |
| 保加利亚数学奥林匹克 | 2014－10 | 38.00 | 393 |
| 圣彼得堡数学奥林匹克试题集 | 2015－01 | 38.00 | 429 |
| 匈牙利奥林匹克数学竞赛题解.第1卷 | 2016－05 | 28.00 | 593 |
| 匈牙利奥林匹克数学竞赛题解.第2卷 | 2016－05 | 28.00 | 594 |
| 历届美国数学邀请赛试题集(第2版) | 2017－10 | 78.00 | 851 |
| 普林斯顿大学数学竞赛 | 2016－06 | 38.00 | 669 |
| 亚太地区数学奥林匹克竞赛题 | 2015－07 | 18.00 | 492 |
| 日本历届(初级)广中杯数学竞赛试题及解答.第1卷(2000～2007) | 2016－05 | 28.00 | 641 |
| 日本历届(初级)广中杯数学竞赛试题及解答.第2卷(2008～2015) | 2016－05 | 38.00 | 642 |
| 越南数学奥林匹克题选:1962—2009 | 2021－07 | 48.00 | 1370 |
| 360个数学竞赛问题 | 2016－08 | 58.00 | 677 |
| 奥数最佳实战题.上卷 | 2017－06 | 38.00 | 760 |
| 奥数最佳实战题.下卷 | 2017－05 | 58.00 | 761 |
| 哈尔滨市早期中学数学竞赛试题汇编 | 2016－07 | 28.00 | 672 |
| 全国高中数学联赛试题及解答:1981—2019(第4版) | 2020－07 | 138.00 | 1176 |
| 2022年全国高中数学联合竞赛模拟题集 | 2022－06 | 30.00 | 1521 |

# 刘培杰数学工作室
## 已出版(即将出版)图书目录——初等数学

| 书　名 | 出版时间 | 定　价 | 编号 |
|---|---|---|---|
| 20 世纪 50 年代全国部分城市数学竞赛试题汇编 | 2017－07 | 28.00 | 797 |
| 国内外数学竞赛题及精解:2018～2019 | 2020－08 | 45.00 | 1192 |
| 国内外数学竞赛题及精解:2019～2020 | 2021－11 | 58.00 | 1439 |
| 许康华竞赛优学精选集.第一辑 | 2018－08 | 68.00 | 949 |
| 天问叶班数学问题征解 100 题.Ⅰ,2016－2018 | 2019－05 | 88.00 | 1075 |
| 天问叶班数学问题征解 100 题.Ⅱ,2017－2019 | 2020－07 | 98.00 | 1177 |
| 美国初中数学竞赛:AMC8 准备(共 6 卷) | 2019－07 | 138.00 | 1089 |
| 美国高中数学竞赛:AMC10 准备(共 6 卷) | 2019－08 | 158.00 | 1105 |
| 王连笑教你怎样学数学:高考选择题解题策略与客观题实用训练 | 2014－01 | 48.00 | 262 |
| 王连笑教你怎样学数学:高考数学高层次讲座 | 2015－02 | 48.00 | 432 |
| 高考数学的理论与实践 | 2009－08 | 38.00 | 53 |
| 高考数学核心题型解题方法与技巧 | 2010－01 | 28.00 | 86 |
| 高考思维新平台 | 2014－03 | 38.00 | 259 |
| 高考数学压轴题解题诀窍(上)(第 2 版) | 2018－01 | 58.00 | 874 |
| 高考数学压轴题解题诀窍(下)(第 2 版) | 2018－01 | 48.00 | 875 |
| 北京市五区文科数学三年高考模拟题详解:2013～2015 | 2015－08 | 48.00 | 500 |
| 北京市五区理科数学三年高考模拟题详解:2013～2015 | 2015－09 | 68.00 | 505 |
| 向量法巧解数学高考题 | 2009－08 | 28.00 | 54 |
| 高中数学课堂教学的实践与反思 | 2021－11 | 48.00 | 791 |
| 数学高考参考 | 2016－01 | 78.00 | 589 |
| 新课程标准高考数学解答各种题型解法指导 | 2020－08 | 78.00 | 1196 |
| 全国及各省市高考数学试题审题要津与解法研究 | 2015－02 | 48.00 | 450 |
| 高中数学章节起始课的教学研究与案例设计 | 2019－05 | 28.00 | 1064 |
| 新课标高考数学——五年试题分章详解(2007～2011)(上、下) | 2011－10 | 78.00 | 140,141 |
| 全国中考数学压轴题审题要津与解法研究 | 2013－04 | 78.00 | 248 |
| 新编全国及各省市中考数学压轴题审题要津与解法研究 | 2014－05 | 58.00 | 342 |
| 全国及各省市 5 年中考数学压轴题审题要津与解法研究(2015 版) | 2015－04 | 58.00 | 462 |
| 中考数学专题总复习 | 2007－04 | 28.00 | 6 |
| 中考数学较难题常考题型解题方法与技巧 | 2016－09 | 48.00 | 681 |
| 中考数学难题常考题型解题方法与技巧 | 2016－09 | 48.00 | 682 |
| 中考数学中档题常考题型解题方法与技巧 | 2017－08 | 68.00 | 835 |
| 中考数学选择填空压轴好题妙解 365 | 2017－05 | 38.00 | 759 |
| 中考数学:三类重点考题的解法例析与习题 | 2020－04 | 48.00 | 1140 |
| 中小学数学的历史文化 | 2019－11 | 48.00 | 1124 |
| 初中平面几何百题多思创新解 | 2020－01 | 58.00 | 1125 |
| 初中数学中考备考 | 2020－01 | 58.00 | 1126 |
| 高考数学之九章演义 | 2019－08 | 68.00 | 1044 |
| 高考数学之难题谈笑间 | 2022－06 | 68.00 | 1519 |
| 化学可以这样学:高中化学知识方法智慧感悟疑难辨析 | 2019－07 | 58.00 | 1103 |
| 如何成为学习高手 | 2019－09 | 58.00 | 1107 |
| 高考数学:经典真题分类解析 | 2020－04 | 78.00 | 1134 |
| 高考数学解答题破解策略 | 2020－11 | 58.00 | 1221 |
| 从分析解题过程学解题:高考压轴题与竞赛题之关系探究 | 2020－08 | 88.00 | 1179 |
| 教学新思考:单元整体视角下的初中数学教学设计 | 2021－03 | 58.00 | 1278 |
| 思维再拓展:2020 年经典几何题的多解探究与思考 | 即将出版 | | 1279 |
| 中考数学小压轴汇编初讲 | 2017－07 | 48.00 | 788 |
| 中考数学大压轴专题微言 | 2017－09 | 48.00 | 846 |
| 怎么解中考平面几何探索题 | 2019－06 | 48.00 | 1093 |
| 北京中考数学压轴题解题方法突破(第 8 版) | 2022－11 | 78.00 | 1577 |
| 助你高考成功的数学解题智慧:知识是智慧的基础 | 2016－01 | 58.00 | 596 |
| 助你高考成功的数学解题智慧:错误是智慧的试金石 | 2016－04 | 58.00 | 643 |
| 助你高考成功的数学解题智慧:方法是智慧的推手 | 2016－04 | 68.00 | 657 |
| 高考数学奇思妙解 | 2016－04 | 38.00 | 610 |
| 高考数学解题策略 | 2016－05 | 48.00 | 670 |
| 数学解题泄天机(第 2 版) | 2017－10 | 48.00 | 850 |

# 刘培杰数学工作室

## 已出版(即将出版)图书目录——初等数学

| 书　名 | 出版时间 | 定　价 | 编号 |
|---|---|---|---|
| 高中物理教学讲义 | 2018—01 | 48.00 | 871 |
| 高中物理教学讲义:全模块 | 2022—03 | 98.00 | 1492 |
| 高中物理答疑解惑 65 篇 | 2021—11 | 48.00 | 1462 |
| 中学物理基础问题解析 | 2020—08 | 48.00 | 1183 |
| 初中数学、高中数学脱节知识补缺教材 | 2017—06 | 48.00 | 766 |
| 高考数学客观题解题方法和技巧 | 2017—10 | 38.00 | 847 |
| 十年高考数学精品试题审题要津与解法研究 | 2021—10 | 98.00 | 1427 |
| 中国历届高考数学试题及解答.1949—1979 | 2018—01 | 38.00 | 877 |
| 历届中国高考数学试题及解答.第二卷,1980—1989 | 2018—10 | 28.00 | 975 |
| 历届中国高考数学试题及解答.第三卷,1990—1999 | 2018—10 | 48.00 | 976 |
| 跟我学解高中数学题 | 2018—07 | 58.00 | 926 |
| 中学数学研究的方法及案例 | 2018—05 | 58.00 | 869 |
| 高考数学抢分技能 | 2018—07 | 68.00 | 934 |
| 高一新生常用数学方法和重要数学思想提升教材 | 2018—06 | 38.00 | 921 |
| 高考数学全国卷六道解答题常考题型解题诀窍:理科(全 2 册) | 2019—07 | 78.00 | 1101 |
| 高考数学全国卷 16 道选择、填空题常考题型解题诀窍.理科 | 2018—09 | 88.00 | 971 |
| 高考数学全国卷 16 道选择、填空题常考题型解题诀窍.文科 | 2020—01 | 88.00 | 1123 |
| 高中数学一题多解 | 2019—06 | 58.00 | 1087 |
| 历届中国高考数学试题及解答:1917—1999 | 2021—08 | 98.00 | 1371 |
| 2000~2003 年全国及各省市高考数学试题及解答 | 2022—05 | 88.00 | 1499 |
| 2004 年全国及各省市高考数学试题及解答 | 2023—08 | 78.00 | 1500 |
| 2005 年全国及各省市高考数学试题及解答 | 2023—08 | 78.00 | 1501 |
| 2006 年全国及各省市高考数学试题及解答 | 2023—08 | 88.00 | 1502 |
| 2007 年全国及各省市高考数学试题及解答 | 2023—08 | 98.00 | 1503 |
| 2008 年全国及各省市高考数学试题及解答 | 2023—08 | 88.00 | 1504 |
| 2009 年全国及各省市高考数学试题及解答 | 2023—08 | 88.00 | 1505 |
| 2010 年全国及各省市高考数学试题及解答 | 2023—08 | 98.00 | 1506 |
| 突破高原:高中数学解题思维探究 | 2021—08 | 48.00 | 1375 |
| 高考数学中的"取值范围" | 2021—10 | 48.00 | 1429 |
| 新课程标准高中数学各种题型解法大全.必修一分册 | 2021—06 | 58.00 | 1315 |
| 新课程标准高中数学各种题型解法大全.必修二分册 | 2022—01 | 68.00 | 1471 |
| 高中数学各种题型解法大全.选择性必修一分册 | 2022—06 | 68.00 | 1525 |
| 高中数学各种题型解法大全.选择性必修二分册 | 2023—01 | 58.00 | 1600 |
| 高中数学各种题型解法大全.选择性必修三分册 | 2023—04 | 48.00 | 1643 |
| 历届全国初中数学竞赛经典试题详解 | 2023—04 | 88.00 | 1624 |
| 孟祥礼高考数学精刷精解 | 2023—06 | 98.00 | 1663 |

| 书　名 | 出版时间 | 定　价 | 编号 |
|---|---|---|---|
| 新编 640 个世界著名数学智力趣题 | 2014—01 | 88.00 | 242 |
| 500 个最新世界著名数学智力趣题 | 2008—06 | 48.00 | 3 |
| 400 个最新世界著名数学最值问题 | 2008—09 | 48.00 | 36 |
| 500 个世界著名数学征解问题 | 2009—06 | 48.00 | 52 |
| 400 个中国最佳初等数学征解老问题 | 2010—01 | 48.00 | 60 |
| 500 个俄罗斯数学经典老题 | 2011—01 | 28.00 | 81 |
| 1000 个国外中学物理好题 | 2012—04 | 48.00 | 174 |
| 300 个日本高考数学题 | 2012—05 | 38.00 | 142 |
| 700 个早期日本高考数学试题 | 2017—02 | 88.00 | 752 |
| 500 个前苏联早期高考数学试题及解答 | 2012—05 | 28.00 | 185 |
| 546 个早期俄罗斯大学生数学竞赛题 | 2014—03 | 38.00 | 285 |
| 548 个来自美苏的数学好问题 | 2014—11 | 28.00 | 396 |
| 20 所苏联著名大学早期入学试题 | 2015—02 | 18.00 | 452 |
| 161 道德国工科大学生必做的微分方程习题 | 2015—05 | 28.00 | 469 |
| 500 个德国工科大学生必做的高数习题 | 2015—06 | 28.00 | 478 |
| 360 个数学竞赛问题 | 2016—08 | 58.00 | 677 |
| 200 个趣味数学故事 | 2018—02 | 48.00 | 857 |
| 470 个数学奥林匹克中的最值问题 | 2018—10 | 88.00 | 985 |
| 德国讲义日本考题.微积分卷 | 2015—04 | 48.00 | 456 |
| 德国讲义日本考题.微分方程卷 | 2015—04 | 38.00 | 457 |
| 二十世纪中叶中、英、美、日、法、俄高考数学试题精选 | 2017—06 | 38.00 | 783 |

# 刘培杰数学工作室
## 已出版(即将出版)图书目录——初等数学

| 书 名 | 出版时间 | 定 价 | 编号 |
|---|---|---|---|
| 中国初等数学研究 2009卷(第1辑) | 2009—05 | 20.00 | 45 |
| 中国初等数学研究 2010卷(第2辑) | 2010—05 | 30.00 | 68 |
| 中国初等数学研究 2011卷(第3辑) | 2011—07 | 60.00 | 127 |
| 中国初等数学研究 2012卷(第4辑) | 2012—07 | 48.00 | 190 |
| 中国初等数学研究 2014卷(第5辑) | 2014—02 | 48.00 | 288 |
| 中国初等数学研究 2015卷(第6辑) | 2015—06 | 68.00 | 493 |
| 中国初等数学研究 2016卷(第7辑) | 2016—04 | 68.00 | 609 |
| 中国初等数学研究 2017卷(第8辑) | 2017—01 | 98.00 | 712 |
| 初等数学研究在中国.第1辑 | 2019—03 | 158.00 | 1024 |
| 初等数学研究在中国.第2辑 | 2019—10 | 158.00 | 1116 |
| 初等数学研究在中国.第3辑 | 2021—05 | 158.00 | 1306 |
| 初等数学研究在中国.第4辑 | 2022—06 | 158.00 | 1520 |
| 初等数学研究在中国.第5辑 | 2023—07 | 158.00 | 1635 |
| 几何变换(Ⅰ) | 2014—07 | 28.00 | 353 |
| 几何变换(Ⅱ) | 2015—06 | 28.00 | 354 |
| 几何变换(Ⅲ) | 2015—01 | 38.00 | 355 |
| 几何变换(Ⅳ) | 2015—12 | 38.00 | 356 |
| 初等数论难题集(第一卷) | 2009—05 | 68.00 | 44 |
| 初等数论难题集(第二卷)(上、下) | 2011—02 | 128.00 | 82,83 |
| 数论概貌 | 2011—03 | 18.00 | 93 |
| 代数数论(第二版) | 2013—08 | 58.00 | 94 |
| 代数多项式 | 2014—06 | 38.00 | 289 |
| 初等数论的知识与问题 | 2011—02 | 28.00 | 95 |
| 超越数论基础 | 2011—03 | 28.00 | 96 |
| 数论初等教程 | 2011—03 | 28.00 | 97 |
| 数论基础 | 2011—03 | 18.00 | 98 |
| 数论基础与维诺格拉多夫 | 2014—03 | 18.00 | 292 |
| 解析数论基础 | 2012—08 | 28.00 | 216 |
| 解析数论基础(第二版) | 2014—01 | 48.00 | 287 |
| 解析数论问题集(第二版)(原版引进) | 2014—05 | 88.00 | 343 |
| 解析数论问题集(第二版)(中译本) | 2016—04 | 88.00 | 607 |
| 解析数论基础(潘承洞,潘承彪著) | 2016—07 | 98.00 | 673 |
| 解析数论导引 | 2016—07 | 58.00 | 674 |
| 数论入门 | 2011—03 | 38.00 | 99 |
| 代数数论入门 | 2015—03 | 38.00 | 448 |
| 数论开篇 | 2012—07 | 28.00 | 194 |
| 解析数论引论 | 2011—03 | 48.00 | 100 |
| Barban Davenport Halberstam 均值和 | 2009—01 | 40.00 | 33 |
| 基础数论 | 2011—03 | 28.00 | 101 |
| 初等数论100例 | 2011—05 | 18.00 | 122 |
| 初等数论经典例题 | 2012—07 | 18.00 | 204 |
| 最新世界各国数学奥林匹克中的初等数论试题(上、下) | 2012—01 | 138.00 | 144,145 |
| 初等数论(Ⅰ) | 2012—01 | 18.00 | 156 |
| 初等数论(Ⅱ) | 2012—01 | 18.00 | 157 |
| 初等数论(Ⅲ) | 2012—01 | 28.00 | 158 |

# 刘培杰数学工作室
# 已出版(即将出版)图书目录——初等数学

| 书　名 | 出版时间 | 定　价 | 编号 |
|---|---|---|---|
| 平面几何与数论中未解决的新老问题 | 2013—01 | 68.00 | 229 |
| 代数数论简史 | 2014—11 | 28.00 | 408 |
| 代数数论 | 2015—09 | 88.00 | 532 |
| 代数、数论及分析习题集 | 2016—11 | 98.00 | 695 |
| 数论导引提要及习题解答 | 2016—01 | 48.00 | 559 |
| 素数定理的初等证明.第2版 | 2016—09 | 48.00 | 686 |
| 数论中的模函数与狄利克雷级数(第二版) | 2017—11 | 78.00 | 837 |
| 数论:数学导引 | 2018—01 | 68.00 | 849 |
| 范氏大代数 | 2019—02 | 98.00 | 1016 |
| 解析数学讲义.第一卷,导来式及微分、积分、级数 | 2019—04 | 88.00 | 1021 |
| 解析数学讲义.第二卷,关于几何的应用 | 2019—04 | 68.00 | 1022 |
| 解析数学讲义.第三卷,解析函数论 | 2019—04 | 78.00 | 1023 |
| 分析·组合·数论纵横谈 | 2019—04 | 58.00 | 1039 |
| Hall代数:民国时期的中学数学课本:英文 | 2019—08 | 88.00 | 1106 |
| 基谢廖夫初等代数 | 2022—07 | 38.00 | 1531 |
| | | | |
| 数学精神巡礼 | 2019—01 | 58.00 | 731 |
| 数学眼光透视(第2版) | 2017—06 | 78.00 | 732 |
| 数学思想领悟(第2版) | 2018—01 | 68.00 | 733 |
| 数学方法溯源(第2版) | 2018—08 | 68.00 | 734 |
| 数学解题引论 | 2017—05 | 58.00 | 735 |
| 数学史话览胜(第2版) | 2017—01 | 48.00 | 736 |
| 数学应用展观(第2版) | 2017—08 | 68.00 | 737 |
| 数学建模尝试 | 2018—04 | 48.00 | 738 |
| 数学竞赛采风 | 2018—01 | 68.00 | 739 |
| 数学测评探营 | 2019—05 | 58.00 | 740 |
| 数学技能操握 | 2018—03 | 48.00 | 741 |
| 数学欣赏拾趣 | 2018—02 | 48.00 | 742 |
| | | | |
| 从毕达哥拉斯到怀尔斯 | 2007—10 | 48.00 | 9 |
| 从迪利克雷到维斯卡尔迪 | 2008—01 | 48.00 | 21 |
| 从哥德巴赫到陈景润 | 2008—05 | 98.00 | 35 |
| 从庞加莱到佩雷尔曼 | 2011—08 | 138.00 | 136 |
| | | | |
| 博弈论精粹 | 2008—03 | 58.00 | 30 |
| 博弈论精粹.第二版(精装) | 2015—01 | 88.00 | 461 |
| 数学 我爱你 | 2008—01 | 28.00 | 20 |
| 精神的圣徒 别样的人生——60位中国数学家成长的历程 | 2008—09 | 48.00 | 39 |
| 数学史概论 | 2009—06 | 78.00 | 50 |
| 数学史概论(精装) | 2013—03 | 158.00 | 272 |
| 数学史选讲 | 2016—01 | 48.00 | 544 |
| 斐波那契数列 | 2010—02 | 28.00 | 65 |
| 数学拼盘和斐波那契魔方 | 2010—07 | 38.00 | 72 |
| 斐波那契数列欣赏(第2版) | 2018—08 | 58.00 | 948 |
| Fibonacci数列中的明珠 | 2018—06 | 58.00 | 928 |
| 数学的创造 | 2011—02 | 48.00 | 85 |
| 数学美与创造力 | 2016—01 | 48.00 | 595 |
| 数海拾贝 | 2016—01 | 48.00 | 590 |
| 数学中的美(第2版) | 2019—04 | 68.00 | 1057 |
| 数论中的美学 | 2014—12 | 38.00 | 351 |

# 刘培杰数学工作室
## 已出版(即将出版)图书目录——初等数学

| 书　名 | 出版时间 | 定　价 | 编号 |
|---|---|---|---|
| 数学王者　科学巨人——高斯 | 2015—01 | 28.00 | 428 |
| 振兴祖国数学的圆梦之旅:中国初等数学研究史话 | 2015—06 | 98.00 | 490 |
| 二十世纪中国数学史料研究 | 2015—10 | 48.00 | 536 |
| 数字谜、数阵图与棋盘覆盖 | 2016—01 | 58.00 | 298 |
| 时间的形状 | 2016—01 | 38.00 | 556 |
| 数学发现的艺术:数学探索中的合情推理 | 2016—07 | 58.00 | 671 |
| 活跃在数学中的参数 | 2016—07 | 48.00 | 675 |
| 数海趣史 | 2021—05 | 98.00 | 1314 |
| 玩转幻中之幻 | 2023—08 | 88.00 | 1682 |
|  |  |  |  |
| 数学解题——靠数学思想给力(上) | 2011—07 | 38.00 | 131 |
| 数学解题——靠数学思想给力(中) | 2011—07 | 48.00 | 132 |
| 数学解题——靠数学思想给力(下) | 2011—07 | 38.00 | 133 |
| 我怎样解题 | 2013—01 | 48.00 | 227 |
| 数学解题中的物理方法 | 2011—06 | 28.00 | 114 |
| 数学解题的特殊方法 | 2011—06 | 48.00 | 115 |
| 中学数学计算技巧(第2版) | 2020—10 | 48.00 | 1220 |
| 中学数学证明方法 | 2012—01 | 58.00 | 117 |
| 数学趣题巧解 | 2012—03 | 28.00 | 128 |
| 高中数学教学通鉴 | 2015—05 | 58.00 | 479 |
| 和高中生漫谈:数学与哲学的故事 | 2014—08 | 28.00 | 369 |
| 算术问题集 | 2017—03 | 38.00 | 789 |
| 张教授讲数学 | 2018—07 | 38.00 | 933 |
| 陈永明实话实说数学教学 | 2020—04 | 68.00 | 1132 |
| 中学数学学科知识与教学能力 | 2020—06 | 58.00 | 1155 |
| 怎样把课讲好:大罕数学教学随笔 | 2022—03 | 58.00 | 1484 |
| 中国高考评价体系下高考数学探秘 | 2022—03 | 48.00 | 1487 |
|  |  |  |  |
| 自主招生考试中的参数方程问题 | 2015—01 | 28.00 | 435 |
| 自主招生考试中的极坐标问题 | 2015—04 | 28.00 | 463 |
| 近年全国重点大学自主招生数学试题全解及研究.华约卷 | 2015—02 | 38.00 | 441 |
| 近年全国重点大学自主招生数学试题全解及研究.北约卷 | 2016—05 | 38.00 | 619 |
| 自主招生数学解证宝典 | 2015—09 | 48.00 | 535 |
| 中国科学技术大学创新班数学真题解析 | 2022—03 | 48.00 | 1488 |
| 中国科学技术大学创新班物理真题解析 | 2022—03 | 58.00 | 1489 |
|  |  |  |  |
| 格点和面积 | 2012—07 | 18.00 | 191 |
| 射影几何趣谈 | 2012—04 | 28.00 | 175 |
| 斯潘纳尔引理——从一道加拿大数学奥林匹克试题谈起 | 2014—01 | 28.00 | 228 |
| 李普希兹条件——从几道近年高考数学试题谈起 | 2012—10 | 18.00 | 221 |
| 拉格朗日中值定理——从一道北京高考试题的解法谈起 | 2015—10 | 18.00 | 197 |
| 闵科夫斯基定理——从一道清华大学自主招生试题谈起 | 2014—01 | 28.00 | 198 |
| 哈尔测度——从一道冬令营试题的背景谈起 | 2012—08 | 28.00 | 202 |
| 切比雪夫逼近问题——从一道中国台北数学奥林匹克试题谈起 | 2013—04 | 38.00 | 238 |
| 伯恩斯坦多项式与贝齐尔曲面——从一道全国高中数学联赛试题谈起 | 2013—03 | 38.00 | 236 |
| 卡塔兰猜想——从一道普特南竞赛试题谈起 | 2013—06 | 18.00 | 256 |
| 麦卡锡函数和阿克曼函数——从一道前南斯拉夫数学奥林匹克试题谈起 | 2012—08 | 18.00 | 201 |
| 贝蒂定理与拉姆贝克莫斯尔定理——从一个拣石子游戏谈起 | 2012—08 | 18.00 | 217 |
| 皮亚诺曲线和豪斯道夫分球定理——从无限集谈起 | 2012—08 | 18.00 | 211 |
| 平面凸图形与凸多面体 | 2012—10 | 28.00 | 218 |
| 斯坦因豪斯问题——从一道二十五省市自治区中学数学竞赛试题谈起 | 2012—07 | 18.00 | 196 |

# 刘培杰数学工作室
# 已出版(即将出版)图书目录——初等数学

| 书　名 | 出版时间 | 定　价 | 编号 |
|---|---|---|---|
| 纽结理论中的亚历山大多项式与琼斯多项式——从一道北京市高一数学竞赛试题谈起 | 2012-07 | 28.00 | 195 |
| 原则与策略——从波利亚"解题表"谈起 | 2013-04 | 38.00 | 244 |
| 转化与化归——从三大尺规作图不能问题谈起 | 2012-08 | 28.00 | 214 |
| 代数几何中的贝祖定理(第一版)——从一道IMO试题的解法谈起 | 2013-08 | 18.00 | 193 |
| 成功连贯理论与约当块理论——从一道比利时数学竞赛试题谈起 | 2012-04 | 18.00 | 180 |
| 素数判定与大数分解 | 2014-08 | 18.00 | 199 |
| 置换多项式及其应用 | 2012-10 | 18.00 | 220 |
| 椭圆函数与模函数——从一道美国加州大学洛杉矶分校(UCLA)博士资格考题谈起 | 2012-10 | 28.00 | 219 |
| 差分方程的拉格朗日方法——从一道2011年全国高考理科试题的解法谈起 | 2012-08 | 28.00 | 200 |
| 力学在几何中的一些应用 | 2013-01 | 38.00 | 240 |
| 从根式解到伽罗华理论 | 2020-01 | 48.00 | 1121 |
| 康托洛维奇不等式——从一道全国高中联赛试题谈起 | 2013-03 | 28.00 | 337 |
| 西格尔引理——从一道第18届IMO试题的解法谈起 | 即将出版 | | |
| 罗斯定理——从一道前苏联数学竞赛试题谈起 | 即将出版 | | |
| 拉克斯定理和阿廷定理——从一道IMO试题的解法谈起 | 2014-01 | 58.00 | 246 |
| 毕卡大定理——从一道美国大学数学竞赛试题谈起 | 2014-07 | 18.00 | 350 |
| 贝齐尔曲线——从一道全国高中联赛试题谈起 | 即将出版 | | |
| 拉格朗日乘子定理——从一道2005年全国高中联赛试题的高等数学解法谈起 | 2015-05 | 28.00 | 480 |
| 雅可比定理——从一道日本数学奥林匹克试题谈起 | 2013-04 | 48.00 | 249 |
| 李天岩-约克定理——从一道波兰数学竞赛试题谈起 | 2014-06 | 28.00 | 349 |
| 受控理论与初等不等式：从一道IMO试题的解法谈起 | 2023-03 | 48.00 | 1601 |
| 布劳维不动点定理——从一道前苏联数学奥林匹克试题谈起 | 2014-01 | 38.00 | 273 |
| 伯恩赛德定理——从一道英国数学奥林匹克试题谈起 | 即将出版 | | |
| 布查特-莫斯特定理——从一道上海市初中竞赛试题谈起 | 即将出版 | | |
| 数论中的同余数问题——从一道普特南竞赛试题谈起 | 即将出版 | | |
| 范·德蒙行列式——从一道美国数学奥林匹克试题谈起 | 即将出版 | | |
| 中国剩余定理:总数法构建中国历史年表 | 2015-01 | 28.00 | 430 |
| 牛顿程序与方程求根——从一道全国高考试题解法谈起 | 即将出版 | | |
| 库默尔定理——从一道IMO预选试题谈起 | 即将出版 | | |
| 卢丁定理——从一道冬令营试题的解法谈起 | 即将出版 | | |
| 沃斯滕霍姆定理——从一道IMO预选试题谈起 | 即将出版 | | |
| 卡尔松不等式——从一道莫斯科数学奥林匹克试题谈起 | 即将出版 | | |
| 信息论中的香农熵——从一道近年高考压轴题谈起 | 即将出版 | | |
| 约当不等式——从一道希望杯竞赛试题谈起 | 即将出版 | | |
| 拉比诺维奇定理 | 即将出版 | | |
| 刘维尔定理——从一道《美国数学月刊》征解问题的解法谈起 | 即将出版 | | |
| 卡塔兰恒等式与级数求和——从一道IMO试题谈起 | 即将出版 | | |
| 勒让德猜想与素数分布——从一道爱尔兰竞赛试题谈起 | 即将出版 | | |
| 天平称重与信息论——从一道基辅市数学奥林匹克试题谈起 | 即将出版 | | |
| 哈密尔顿-凯莱定理:从一道高中数学联赛试题的解法谈起 | 2014-09 | 18.00 | 376 |
| 艾思特曼定理——从一道CMO试题的解法谈起 | 即将出版 | | |

# 刘培杰数学工作室
# 已出版(即将出版)图书目录——初等数学

| 书　名 | 出版时间 | 定　价 | 编号 |
|---|---|---|---|
| 阿贝尔恒等式与经典不等式及应用 | 2018—06 | 98.00 | 923 |
| 迪利克雷除数问题 | 2018—07 | 48.00 | 930 |
| 幻方、幻立方与拉丁方 | 2019—08 | 48.00 | 1092 |
| 帕斯卡三角形 | 2014—03 | 18.00 | 294 |
| 蒲丰投针问题——从2009年清华大学的一道自主招生试题谈起 | 2014—01 | 18.00 | 295 |
| 斯图姆定理——从一道"华约"自主招生试题的解法谈起 | 2014—01 | 18.00 | 296 |
| 许瓦兹引理——从一道加利福尼亚大学伯克利分校数学系博士生试题谈起 | 2014—08 | 18.00 | 297 |
| 拉姆塞定理——从王诗宬院士的一个问题谈起 | 2016—04 | 48.00 | 299 |
| 坐标法 | 2013—12 | 28.00 | 332 |
| 数论三角形 | 2014—04 | 38.00 | 341 |
| 毕克定理 | 2014—07 | 18.00 | 352 |
| 数林掠影 | 2014—09 | 48.00 | 389 |
| 我们周围的概率 | 2014—10 | 38.00 | 390 |
| 凸函数最值定理:从一道华约自主招生题的解法谈起 | 2014—10 | 28.00 | 391 |
| 易学与数学奥林匹克 | 2014—10 | 38.00 | 392 |
| 生物数学趣谈 | 2015—01 | 18.00 | 409 |
| 反演 | 2015—01 | 28.00 | 420 |
| 因式分解与圆锥曲线 | 2015—01 | 18.00 | 426 |
| 轨迹 | 2015—01 | 28.00 | 427 |
| 面积原理:从常庚哲命的一道CMO试题的积分解法谈起 | 2015—01 | 48.00 | 431 |
| 形形色色的不动点定理:从一道28届IMO试题谈起 | 2015—01 | 38.00 | 439 |
| 柯西函数方程:从一道上海交大自主招生的试题谈起 | 2015—02 | 28.00 | 440 |
| 三角恒等式 | 2015—02 | 28.00 | 442 |
| 无理性判定:从一道2014年"北约"自主招生试题谈起 | 2015—01 | 38.00 | 443 |
| 数学归纳法 | 2015—03 | 18.00 | 451 |
| 极端原理与解题 | 2015—04 | 28.00 | 464 |
| 法雷级数 | 2014—08 | 18.00 | 367 |
| 摆线族 | 2015—01 | 38.00 | 438 |
| 函数方程及其解法 | 2015—05 | 38.00 | 470 |
| 含参数的方程和不等式 | 2012—09 | 28.00 | 213 |
| 希尔伯特第十问题 | 2016—01 | 38.00 | 543 |
| 无穷小量的求和 | 2016—01 | 28.00 | 545 |
| 切比雪夫多项式:从一道清华大学金秋营试题谈起 | 2016—01 | 38.00 | 583 |
| 泽肯多夫定理 | 2016—03 | 38.00 | 599 |
| 代数等式证题法 | 2016—01 | 28.00 | 600 |
| 三角等式证题法 | 2016—01 | 28.00 | 601 |
| 吴大任教授藏书中的一个因式分解公式:从一道美国数学邀请赛试题的解法谈起 | 2016—06 | 28.00 | 656 |
| 易卦——类万物的数学模型 | 2017—08 | 68.00 | 838 |
| "不可思议"的数与数系可持续发展 | 2018—01 | 38.00 | 878 |
| 最短线 | 2018 —01 | 38.00 | 879 |
| 数学在天文、地理、光学、机械力学中的一些应用 | 2023—03 | 88.00 | 1576 |
| 从阿基米德三角形谈起 | 2023—01 | 28.00 | 1578 |
| | | | |
| 幻方和魔方(第一卷) | 2012—05 | 68.00 | 173 |
| 尘封的经典——初等数学经典文献选读(第一卷) | 2012—07 | 48.00 | 205 |
| 尘封的经典——初等数学经典文献选读(第二卷) | 2012—07 | 38.00 | 206 |
| | | | |
| 初级方程式论 | 2011—03 | 28.00 | 106 |
| 初等数学研究(Ⅰ) | 2008—09 | 68.00 | 37 |
| 初等数学研究(Ⅱ)(上、下) | 2009—05 | 118.00 | 46,47 |
| 初等数学专题研究 | 2022—10 | 68.00 | 1568 |

# 刘培杰数学工作室
# 已出版(即将出版)图书目录——初等数学

| 书　　名 | 出版时间 | 定　价 | 编号 |
|---|---|---|---|
| 趣味初等方程妙题集锦 | 2014—09 | 48.00 | 388 |
| 趣味初等数论选美与欣赏 | 2015—02 | 48.00 | 445 |
| 耕读笔记(上卷):一位农民数学爱好者的初数探索 | 2015—04 | 28.00 | 459 |
| 耕读笔记(中卷):一位农民数学爱好者的初数探索 | 2015—05 | 28.00 | 483 |
| 耕读笔记(下卷):一位农民数学爱好者的初数探索 | 2015—05 | 28.00 | 484 |
| 几何不等式研究与欣赏.上卷 | 2016—01 | 88.00 | 547 |
| 几何不等式研究与欣赏.下卷 | 2016—01 | 48.00 | 552 |
| 初等数列研究与欣赏·上 | 2016—01 | 48.00 | 570 |
| 初等数列研究与欣赏·下 | 2016—01 | 48.00 | 571 |
| 趣味初等函数研究与欣赏.上 | 2016—09 | 48.00 | 684 |
| 趣味初等函数研究与欣赏.下 | 2018—09 | 48.00 | 685 |
| 三角不等式研究与欣赏 | 2020—10 | 68.00 | 1197 |
| 新编平面解析几何解题方法研究与欣赏 | 2021—10 | 78.00 | 1426 |
| | | | |
| 火柴游戏(第2版) | 2022—05 | 38.00 | 1493 |
| 智力解谜.第1卷 | 2017—07 | 38.00 | 613 |
| 智力解谜.第2卷 | 2017—07 | 38.00 | 614 |
| 故事智力 | 2016—07 | 48.00 | 615 |
| 名人们喜欢的智力问题 | 2020—01 | 48.00 | 616 |
| 数学大师的发现、创造与失误 | 2018—01 | 48.00 | 617 |
| 异曲同工 | 2018—09 | 48.00 | 618 |
| 数学的味道(第2版) | 2023—10 | 68.00 | 1686 |
| 数学千字文 | 2018—10 | 68.00 | 977 |
| | | | |
| 数贝偶拾——高考数学题研究 | 2014—04 | 28.00 | 274 |
| 数贝偶拾——初等数学研究 | 2014—04 | 38.00 | 275 |
| 数贝偶拾——奥数题研究 | 2014—04 | 48.00 | 276 |
| | | | |
| 钱昌本教你快乐学数学(上) | 2011—12 | 48.00 | 155 |
| 钱昌本教你快乐学数学(下) | 2012—03 | 58.00 | 171 |
| | | | |
| 集合、函数与方程 | 2014—01 | 28.00 | 300 |
| 数列与不等式 | 2014—01 | 38.00 | 301 |
| 三角与平面向量 | 2014—01 | 28.00 | 302 |
| 平面解析几何 | 2014—01 | 38.00 | 303 |
| 立体几何与组合 | 2014—01 | 28.00 | 304 |
| 极限与导数、数学归纳法 | 2014—01 | 38.00 | 305 |
| 趣味数学 | 2014—03 | 28.00 | 306 |
| 教材教法 | 2014—04 | 68.00 | 307 |
| 自主招生 | 2014—05 | 58.00 | 308 |
| 高考压轴题(上) | 2015—01 | 48.00 | 309 |
| 高考压轴题(下) | 2014—10 | 68.00 | 310 |
| | | | |
| 从费马到怀尔斯——费马大定理的历史 | 2013—10 | 198.00 | I |
| 从庞加莱到佩雷尔曼——庞加莱猜想的历史 | 2013—10 | 298.00 | II |
| 从切比雪夫到爱尔特希(上)——素数定理的初等证明 | 2013—07 | 48.00 | III |
| 从切比雪夫到爱尔特希(下)——素数定理100年 | 2012—12 | 98.00 | III |
| 从高斯到盖尔方特——二次域的高斯猜想 | 2013—10 | 198.00 | IV |
| 从库默尔到朗兰兹——朗兰兹猜想的历史 | 2014—01 | 98.00 | V |
| 从比勃巴赫到德布朗斯——比勃巴赫猜想的历史 | 2014—02 | 298.00 | VI |
| 从麦比乌斯到陈省身——麦比乌斯变换与麦比乌斯带 | 2014—02 | 298.00 | VII |
| 从布尔到豪斯道夫——布尔方程与格论漫谈 | 2013—10 | 198.00 | VIII |
| 从开普勒到阿诺德——三体问题的历史 | 2014—05 | 298.00 | IX |
| 从华林到华罗庚——华林问题的历史 | 2013—10 | 298.00 | X |

# 刘培杰数学工作室
# 已出版(即将出版)图书目录——初等数学

| 书　　名 | 出版时间 | 定　价 | 编号 |
|---|---|---|---|
| 美国高中数学竞赛五十讲.第1卷(英文) | 2014—08 | 28.00 | 357 |
| 美国高中数学竞赛五十讲.第2卷(英文) | 2014—08 | 28.00 | 358 |
| 美国高中数学竞赛五十讲.第3卷(英文) | 2014—09 | 28.00 | 359 |
| 美国高中数学竞赛五十讲.第4卷(英文) | 2014—09 | 28.00 | 360 |
| 美国高中数学竞赛五十讲.第5卷(英文) | 2014—10 | 28.00 | 361 |
| 美国高中数学竞赛五十讲.第6卷(英文) | 2014—11 | 28.00 | 362 |
| 美国高中数学竞赛五十讲.第7卷(英文) | 2014—12 | 28.00 | 363 |
| 美国高中数学竞赛五十讲.第8卷(英文) | 2015—01 | 28.00 | 364 |
| 美国高中数学竞赛五十讲.第9卷(英文) | 2015—01 | 28.00 | 365 |
| 美国高中数学竞赛五十讲.第10卷(英文) | 2015—02 | 38.00 | 366 |
| | | | |
| 三角函数(第2版) | 2017—04 | 38.00 | 626 |
| 不等式 | 2014—01 | 38.00 | 312 |
| 数列 | 2014—01 | 38.00 | 313 |
| 方程(第2版) | 2017—04 | 38.00 | 624 |
| 排列和组合 | 2014—01 | 28.00 | 315 |
| 极限与导数(第2版) | 2016—04 | 38.00 | 635 |
| 向量(第2版) | 2018—08 | 58.00 | 627 |
| 复数及其应用 | 2014—08 | 28.00 | 318 |
| 函数 | 2014—01 | 38.00 | 319 |
| 集合 | 2020—01 | 48.00 | 320 |
| 直线与平面 | 2014—01 | 28.00 | 321 |
| 立体几何(第2版) | 2016—04 | 38.00 | 629 |
| 解三角形 | 即将出版 | | 323 |
| 直线与圆(第2版) | 2016—11 | 38.00 | 631 |
| 圆锥曲线(第2版) | 2016—09 | 48.00 | 632 |
| 解题通法(一) | 2014—07 | 38.00 | 326 |
| 解题通法(二) | 2014—07 | 38.00 | 327 |
| 解题通法(三) | 2014—05 | 38.00 | 328 |
| 概率与统计 | 2014—01 | 28.00 | 329 |
| 信息迁移与算法 | 即将出版 | | 330 |
| | | | |
| IMO 50 年.第1卷(1959—1963) | 2014—11 | 28.00 | 377 |
| IMO 50 年.第2卷(1964—1968) | 2014—11 | 28.00 | 378 |
| IMO 50 年.第3卷(1969—1973) | 2014—09 | 28.00 | 379 |
| IMO 50 年.第4卷(1974—1978) | 2016—04 | 38.00 | 380 |
| IMO 50 年.第5卷(1979—1984) | 2015—04 | 38.00 | 381 |
| IMO 50 年.第6卷(1985—1989) | 2015—04 | 58.00 | 382 |
| IMO 50 年.第7卷(1990—1994) | 2016—01 | 48.00 | 383 |
| IMO 50 年.第8卷(1995—1999) | 2016—06 | 38.00 | 384 |
| IMO 50 年.第9卷(2000—2004) | 2015—04 | 58.00 | 385 |
| IMO 50 年.第10卷(2005—2009) | 2016—01 | 48.00 | 386 |
| IMO 50 年.第11卷(2010—2015) | 2017—03 | 48.00 | 646 |

# 刘培杰数学工作室
## 已出版(即将出版)图书目录——初等数学

| 书　　名 | 出 版 时 间 | 定　价 | 编号 |
|---|---|---|---|
| 数学反思(2006—2007) | 2020—09 | 88.00 | 915 |
| 数学反思(2008—2009) | 2019—01 | 68.00 | 917 |
| 数学反思(2010—2011) | 2018—05 | 58.00 | 916 |
| 数学反思(2012—2013) | 2019—01 | 58.00 | 918 |
| 数学反思(2014—2015) | 2019—03 | 78.00 | 919 |
| 数学反思(2016—2017) | 2021—03 | 58.00 | 1286 |
| 数学反思(2018—2019) | 2023—01 | 88.00 | 1593 |
| 历届美国大学生数学竞赛试题集.第一卷(1938—1949) | 2015—01 | 28.00 | 397 |
| 历届美国大学生数学竞赛试题集.第二卷(1950—1959) | 2015—01 | 28.00 | 398 |
| 历届美国大学生数学竞赛试题集.第三卷(1960—1969) | 2015—01 | 28.00 | 399 |
| 历届美国大学生数学竞赛试题集.第四卷(1970—1979) | 2015—01 | 18.00 | 400 |
| 历届美国大学生数学竞赛试题集.第五卷(1980—1989) | 2015—01 | 28.00 | 401 |
| 历届美国大学生数学竞赛试题集.第六卷(1990—1999) | 2015—01 | 28.00 | 402 |
| 历届美国大学生数学竞赛试题集.第七卷(2000—2009) | 2015—08 | 18.00 | 403 |
| 历届美国大学生数学竞赛试题集.第八卷(2010—2012) | 2015—01 | 18.00 | 404 |
| 新课标高考数学创新题解题诀窍:总论 | 2014—09 | 28.00 | 372 |
| 新课标高考数学创新题解题诀窍:必修1~5分册 | 2014—08 | 38.00 | 373 |
| 新课标高考数学创新题解题诀窍:选修2-1,2-2,1-1,1-2分册 | 2014—09 | 38.00 | 374 |
| 新课标高考数学创新题解题诀窍:选修2-3,4-4,4-5分册 | 2014—09 | 18.00 | 375 |
| 全国重点大学自主招生英文数学试题全攻略:词汇卷 | 2015—07 | 48.00 | 410 |
| 全国重点大学自主招生英文数学试题全攻略:概念卷 | 2015—01 | 28.00 | 411 |
| 全国重点大学自主招生英文数学试题全攻略:文章选读卷(上) | 2016—09 | 38.00 | 412 |
| 全国重点大学自主招生英文数学试题全攻略:文章选读卷(下) | 2017—01 | 58.00 | 413 |
| 全国重点大学自主招生英文数学试题全攻略:试题卷 | 2015—07 | 38.00 | 414 |
| 全国重点大学自主招生英文数学试题全攻略:名著欣赏卷 | 2017—03 | 48.00 | 415 |
| 劳埃德数学趣题大全.题目卷.1:英文 | 2016—01 | 18.00 | 516 |
| 劳埃德数学趣题大全.题目卷.2:英文 | 2016—01 | 18.00 | 517 |
| 劳埃德数学趣题大全.题目卷.3:英文 | 2016—01 | 18.00 | 518 |
| 劳埃德数学趣题大全.题目卷.4:英文 | 2016—01 | 18.00 | 519 |
| 劳埃德数学趣题大全.题目卷.5:英文 | 2016—01 | 18.00 | 520 |
| 劳埃德数学趣题大全.答案卷:英文 | 2016—01 | 18.00 | 521 |
| 李成章教练奥数笔记.第1卷 | 2016—01 | 48.00 | 522 |
| 李成章教练奥数笔记.第2卷 | 2016—01 | 48.00 | 523 |
| 李成章教练奥数笔记.第3卷 | 2016—01 | 38.00 | 524 |
| 李成章教练奥数笔记.第4卷 | 2016—01 | 38.00 | 525 |
| 李成章教练奥数笔记.第5卷 | 2016—01 | 38.00 | 526 |
| 李成章教练奥数笔记.第6卷 | 2016—01 | 38.00 | 527 |
| 李成章教练奥数笔记.第7卷 | 2016—01 | 38.00 | 528 |
| 李成章教练奥数笔记.第8卷 | 2016—01 | 48.00 | 529 |
| 李成章教练奥数笔记.第9卷 | 2016—01 | 28.00 | 530 |

# 刘培杰数学工作室
# 已出版(即将出版)图书目录——初等数学

| 书　名 | 出版时间 | 定　价 | 编号 |
|---|---|---|---|
| 第19～23届"希望杯"全国数学邀请赛试题审题要津详细评注(初一版) | 2014－03 | 28.00 | 333 |
| 第19～23届"希望杯"全国数学邀请赛试题审题要津详细评注(初二、初三版) | 2014－03 | 38.00 | 334 |
| 第19～23届"希望杯"全国数学邀请赛试题审题要津详细评注(高一版) | 2014－03 | 28.00 | 335 |
| 第19～23届"希望杯"全国数学邀请赛试题审题要津详细评注(高二版) | 2014－03 | 38.00 | 336 |
| 第19～25届"希望杯"全国数学邀请赛试题审题要津详细评注(初一版) | 2015－01 | 38.00 | 416 |
| 第19～25届"希望杯"全国数学邀请赛试题审题要津详细评注(初二、初三版) | 2015－01 | 58.00 | 417 |
| 第19～25届"希望杯"全国数学邀请赛试题审题要津详细评注(高一版) | 2015－01 | 48.00 | 418 |
| 第19～25届"希望杯"全国数学邀请赛试题审题要津详细评注(高二版) | 2015－01 | 48.00 | 419 |
| 物理奥林匹克竞赛大题典——力学卷 | 2014－11 | 48.00 | 405 |
| 物理奥林匹克竞赛大题典——热学卷 | 2014－04 | 28.00 | 339 |
| 物理奥林匹克竞赛大题典——电磁学卷 | 2015－07 | 48.00 | 406 |
| 物理奥林匹克竞赛大题典——光学与近代物理卷 | 2014－06 | 28.00 | 345 |
| 历届中国东南地区数学奥林匹克试题集(2004～2012) | 2014－06 | 18.00 | 346 |
| 历届中国西部地区数学奥林匹克试题集(2001～2012) | 2014－07 | 18.00 | 347 |
| 历届中国女子数学奥林匹克试题集(2002～2012) | 2014－08 | 18.00 | 348 |
| 数学奥林匹克在中国 | 2014－06 | 98.00 | 344 |
| 数学奥林匹克问题集 | 2014－01 | 38.00 | 267 |
| 数学奥林匹克不等式散论 | 2010－06 | 38.00 | 124 |
| 数学奥林匹克不等式欣赏 | 2011－09 | 38.00 | 138 |
| 数学奥林匹克超级题库(初中卷上) | 2010－01 | 58.00 | 66 |
| 数学奥林匹克不等式证明方法和技巧(上、下) | 2011－08 | 158.00 | 134,135 |
| 他们学什么:原民主德国中学数学课本 | 2016－09 | 38.00 | 658 |
| 他们学什么:英国中学数学课本 | 2016－09 | 38.00 | 659 |
| 他们学什么:法国中学数学课本.1 | 2016－09 | 38.00 | 660 |
| 他们学什么:法国中学数学课本.2 | 2016－09 | 28.00 | 661 |
| 他们学什么:法国中学数学课本.3 | 2016－09 | 38.00 | 662 |
| 他们学什么:苏联中学数学课本 | 2016－09 | 28.00 | 679 |
| 高中数学题典——集合与简易逻辑·函数 | 2016－07 | 48.00 | 647 |
| 高中数学题典——导数 | 2016－07 | 48.00 | 648 |
| 高中数学题典——三角函数·平面向量 | 2016－07 | 48.00 | 649 |
| 高中数学题典——数列 | 2016－07 | 58.00 | 650 |
| 高中数学题典——不等式·推理与证明 | 2016－07 | 38.00 | 651 |
| 高中数学题典——立体几何 | 2016－07 | 48.00 | 652 |
| 高中数学题典——平面解析几何 | 2016－07 | 78.00 | 653 |
| 高中数学题典——计数原理·统计·概率·复数 | 2016－07 | 48.00 | 654 |
| 高中数学题典——算法·平面几何·初等数论·组合数学·其他 | 2016－07 | 68.00 | 655 |

# 刘培杰数学工作室
# 已出版(即将出版)图书目录——初等数学

| 书　　名 | 出版时间 | 定　价 | 编号 |
|---|---|---|---|
| 台湾地区奥林匹克数学竞赛试题.小学一年级 | 2017—03 | 38.00 | 722 |
| 台湾地区奥林匹克数学竞赛试题.小学二年级 | 2017—03 | 38.00 | 723 |
| 台湾地区奥林匹克数学竞赛试题.小学三年级 | 2017—03 | 38.00 | 724 |
| 台湾地区奥林匹克数学竞赛试题.小学四年级 | 2017—03 | 38.00 | 725 |
| 台湾地区奥林匹克数学竞赛试题.小学五年级 | 2017—03 | 38.00 | 726 |
| 台湾地区奥林匹克数学竞赛试题.小学六年级 | 2017—03 | 38.00 | 727 |
| 台湾地区奥林匹克数学竞赛试题.初中一年级 | 2017—03 | 38.00 | 728 |
| 台湾地区奥林匹克数学竞赛试题.初中二年级 | 2017—03 | 38.00 | 729 |
| 台湾地区奥林匹克数学竞赛试题.初中三年级 | 2017—03 | 28.00 | 730 |
| 不等式证题法 | 2017—04 | 28.00 | 747 |
| 平面几何培优教程 | 2019—08 | 88.00 | 748 |
| 奥数鼎级培优教程.高一分册 | 2018—09 | 88.00 | 749 |
| 奥数鼎级培优教程.高二分册.上 | 2018—04 | 68.00 | 750 |
| 奥数鼎级培优教程.高二分册.下 | 2018—04 | 68.00 | 751 |
| 高中数学竞赛冲刺宝典 | 2019—04 | 68.00 | 883 |
| 初中尖子生数学超级题典.实数 | 2017—07 | 58.00 | 792 |
| 初中尖子生数学超级题典.式、方程与不等式 | 2017—08 | 58.00 | 793 |
| 初中尖子生数学超级题典.圆、面积 | 2017—08 | 38.00 | 794 |
| 初中尖子生数学超级题典.函数、逻辑推理 | 2017—08 | 48.00 | 795 |
| 初中尖子生数学超级题典.角、线段、三角形与多边形 | 2017—07 | 58.00 | 796 |
| 数学王子——高斯 | 2018—01 | 48.00 | 858 |
| 坎坷奇星——阿贝尔 | 2018—01 | 48.00 | 859 |
| 闪烁奇星——伽罗瓦 | 2018—01 | 58.00 | 860 |
| 无穷统帅——康托尔 | 2018—01 | 48.00 | 861 |
| 科学公主——柯瓦列夫斯卡娅 | 2018—01 | 48.00 | 862 |
| 抽象代数之母——埃米·诺特 | 2018—01 | 48.00 | 863 |
| 电脑先驱——图灵 | 2018—01 | 58.00 | 864 |
| 昔日神童——维纳 | 2018—01 | 48.00 | 865 |
| 数坛怪侠——爱尔特希 | 2018—01 | 68.00 | 866 |
| 传奇数学家徐利治 | 2019—09 | 88.00 | 1110 |
| 当代世界中的数学.数学思想与数学基础 | 2019—01 | 38.00 | 892 |
| 当代世界中的数学.数学问题 | 2019—01 | 38.00 | 893 |
| 当代世界中的数学.应用数学与数学应用 | 2019—01 | 38.00 | 894 |
| 当代世界中的数学.数学王国的新疆域(一) | 2019—01 | 38.00 | 895 |
| 当代世界中的数学.数学王国的新疆域(二) | 2019—01 | 38.00 | 896 |
| 当代世界中的数学.数林撷英(一) | 2019—01 | 38.00 | 897 |
| 当代世界中的数学.数林撷英(二) | 2019—01 | 48.00 | 898 |
| 当代世界中的数学.数学之路 | 2019—01 | 38.00 | 899 |

# 刘培杰数学工作室
# 已出版(即将出版)图书目录——初等数学

| 书　　名 | 出版时间 | 定　价 | 编号 |
|---|---|---|---|
| 105 个代数问题:来自 AwesomeMath 夏季课程 | 2019—02 | 58.00 | 956 |
| 106 个几何问题:来自 AwesomeMath 夏季课程 | 2020—07 | 58.00 | 957 |
| 107 个几何问题:来自 AwesomeMath 全年课程 | 2020—07 | 58.00 | 958 |
| 108 个代数问题:来自 AwesomeMath 全年课程 | 2019—01 | 68.00 | 959 |
| 109 个不等式:来自 AwesomeMath 夏季课程 | 2019—04 | 58.00 | 960 |
| 国际数学奥林匹克中的 110 个几何问题 | 即将出版 | | 961 |
| 111 个代数和数论问题 | 2019—05 | 58.00 | 962 |
| 112 个组合问题:来自 AwesomeMath 夏季课程 | 2019—05 | 58.00 | 963 |
| 113 个几何不等式:来自 AwesomeMath 夏季课程 | 2020—08 | 58.00 | 964 |
| 114 个指数和对数问题:来自 AwesomeMath 夏季课程 | 2019—09 | 48.00 | 965 |
| 115 个三角问题:来自 AwesomeMath 夏季课程 | 2019—09 | 58.00 | 966 |
| 116 个代数不等式:来自 AwesomeMath 全年课程 | 2019—04 | 58.00 | 967 |
| 117 个多项式问题:来自 AwesomeMath 夏季课程 | 2021—09 | 58.00 | 1409 |
| 118 个数学竞赛不等式 | 2022—08 | 78.00 | 1526 |
| 紫色彗星国际数学竞赛试题 | 2019—02 | 58.00 | 999 |
| 数学竞赛中的数学:为数学爱好者、父母、教师和教练准备的丰富资源.第一部 | 2020—04 | 58.00 | 1141 |
| 数学竞赛中的数学:为数学爱好者、父母、教师和教练准备的丰富资源.第二部 | 2020—07 | 48.00 | 1142 |
| 和与积 | 2020—10 | 38.00 | 1219 |
| 数论:概念和问题 | 2020—12 | 68.00 | 1257 |
| 初等数学问题研究 | 2021—03 | 48.00 | 1270 |
| 数学奥林匹克中的欧几里得几何 | 2021—10 | 68.00 | 1413 |
| 数学奥林匹克题解新编 | 2022—01 | 58.00 | 1430 |
| 图论入门 | 2022—09 | 58.00 | 1554 |
| 新的、更新的、最新的不等式 | 2023—07 | 58.00 | 1650 |
| 澳大利亚中学数学竞赛试题及解答(初级卷)1978~1984 | 2019—02 | 28.00 | 1002 |
| 澳大利亚中学数学竞赛试题及解答(初级卷)1985~1991 | 2019—02 | 28.00 | 1003 |
| 澳大利亚中学数学竞赛试题及解答(初级卷)1992~1998 | 2019—02 | 28.00 | 1004 |
| 澳大利亚中学数学竞赛试题及解答(初级卷)1999~2005 | 2019—02 | 28.00 | 1005 |
| 澳大利亚中学数学竞赛试题及解答(中级卷)1978~1984 | 2019—03 | 28.00 | 1006 |
| 澳大利亚中学数学竞赛试题及解答(中级卷)1985~1991 | 2019—03 | 28.00 | 1007 |
| 澳大利亚中学数学竞赛试题及解答(中级卷)1992~1998 | 2019—03 | 28.00 | 1008 |
| 澳大利亚中学数学竞赛试题及解答(中级卷)1999~2005 | 2019—03 | 28.00 | 1009 |
| 澳大利亚中学数学竞赛试题及解答(高级卷)1978~1984 | 2019—05 | 28.00 | 1010 |
| 澳大利亚中学数学竞赛试题及解答(高级卷)1985~1991 | 2019—05 | 28.00 | 1011 |
| 澳大利亚中学数学竞赛试题及解答(高级卷)1992~1998 | 2019—05 | 28.00 | 1012 |
| 澳大利亚中学数学竞赛试题及解答(高级卷)1999~2005 | 2019—05 | 28.00 | 1013 |
| 天才中小学生智力测验题.第一卷 | 2019—03 | 38.00 | 1026 |
| 天才中小学生智力测验题.第二卷 | 2019—03 | 38.00 | 1027 |
| 天才中小学生智力测验题.第三卷 | 2019—03 | 38.00 | 1028 |
| 天才中小学生智力测验题.第四卷 | 2019—03 | 38.00 | 1029 |
| 天才中小学生智力测验题.第五卷 | 2019—03 | 38.00 | 1030 |
| 天才中小学生智力测验题.第六卷 | 2019—03 | 38.00 | 1031 |
| 天才中小学生智力测验题.第七卷 | 2019—03 | 38.00 | 1032 |
| 天才中小学生智力测验题.第八卷 | 2019—03 | 38.00 | 1033 |
| 天才中小学生智力测验题.第九卷 | 2019—03 | 38.00 | 1034 |
| 天才中小学生智力测验题.第十卷 | 2019—03 | 38.00 | 1035 |
| 天才中小学生智力测验题.第十一卷 | 2019—03 | 38.00 | 1036 |
| 天才中小学生智力测验题.第十二卷 | 2019—03 | 38.00 | 1037 |
| 天才中小学生智力测验题.第十三卷 | 2019—03 | 38.00 | 1038 |

# 刘培杰数学工作室
## 已出版（即将出版）图书目录——初等数学

| 书　　名 | 出版时间 | 定　价 | 编号 |
|---|---|---|---|
| 重点大学自主招生数学备考全书:函数 | 2020－05 | 48.00 | 1047 |
| 重点大学自主招生数学备考全书:导数 | 2020－08 | 48.00 | 1048 |
| 重点大学自主招生数学备考全书:数列与不等式 | 2019－10 | 78.00 | 1049 |
| 重点大学自主招生数学备考全书:三角函数与平面向量 | 2020－08 | 68.00 | 1050 |
| 重点大学自主招生数学备考全书:平面解析几何 | 2020－07 | 58.00 | 1051 |
| 重点大学自主招生数学备考全书:立体几何与平面几何 | 2019－08 | 48.00 | 1052 |
| 重点大学自主招生数学备考全书:排列组合·概率统计·复数 | 2019－09 | 48.00 | 1053 |
| 重点大学自主招生数学备考全书:初等数论与组合数学 | 2019－08 | 48.00 | 1054 |
| 重点大学自主招生数学备考全书:重点大学自主招生真题.上 | 2019－04 | 68.00 | 1055 |
| 重点大学自主招生数学备考全书:重点大学自主招生真题.下 | 2019－04 | 58.00 | 1056 |
|  |  |  |  |
| 高中数学竞赛培训教程:平面几何问题的求解方法与策略.上 | 2018－05 | 68.00 | 906 |
| 高中数学竞赛培训教程:平面几何问题的求解方法与策略.下 | 2018－06 | 78.00 | 907 |
| 高中数学竞赛培训教程:整除与同余以及不定方程 | 2018－01 | 88.00 | 908 |
| 高中数学竞赛培训教程:组合计数与组合极值 | 2018－04 | 48.00 | 909 |
| 高中数学竞赛培训教程:初等代数 | 2019－04 | 78.00 | 1042 |
| 高中数学讲座:数学竞赛基础教程(第一册) | 2019－06 | 48.00 | 1094 |
| 高中数学讲座:数学竞赛基础教程(第二册) | 即将出版 |  | 1095 |
| 高中数学讲座:数学竞赛基础教程(第三册) | 即将出版 |  | 1096 |
| 高中数学讲座:数学竞赛基础教程(第四册) | 即将出版 |  | 1097 |
|  |  |  |  |
| 新编中学数学解题方法1000招丛书.实数(初中版) | 2022－05 | 58.00 | 1291 |
| 新编中学数学解题方法1000招丛书.式(初中版) | 2022－05 | 48.00 | 1292 |
| 新编中学数学解题方法1000招丛书.方程与不等式(初中版) | 2021－04 | 58.00 | 1293 |
| 新编中学数学解题方法1000招丛书.函数(初中版) | 2022－05 | 38.00 | 1294 |
| 新编中学数学解题方法1000招丛书.角(初中版) | 2022－05 | 48.00 | 1295 |
| 新编中学数学解题方法1000招丛书.线段(初中版) | 2022－05 | 48.00 | 1296 |
| 新编中学数学解题方法1000招丛书.三角形与多边形(初中版) | 2021－04 | 48.00 | 1297 |
| 新编中学数学解题方法1000招丛书.圆(初中版) | 2022－05 | 48.00 | 1298 |
| 新编中学数学解题方法1000招丛书.面积(初中版) | 2021－07 | 28.00 | 1299 |
| 新编中学数学解题方法1000招丛书.逻辑推理(初中版) | 2022－06 | 48.00 | 1300 |
|  |  |  |  |
| 高中数学题典精编.第一辑.函数 | 2022－01 | 58.00 | 1444 |
| 高中数学题典精编.第一辑.导数 | 2022－01 | 68.00 | 1445 |
| 高中数学题典精编.第一辑.三角函数·平面向量 | 2022－01 | 68.00 | 1446 |
| 高中数学题典精编.第一辑.数列 | 2022－01 | 58.00 | 1447 |
| 高中数学题典精编.第一辑.不等式·推理与证明 | 2022－01 | 58.00 | 1448 |
| 高中数学题典精编.第一辑.立体几何 | 2022－01 | 58.00 | 1449 |
| 高中数学题典精编.第一辑.平面解析几何 | 2022－01 | 68.00 | 1450 |
| 高中数学题典精编.第一辑.统计·概率·平面几何 | 2022－01 | 58.00 | 1451 |
| 高中数学题典精编.第一辑.初等数论·组合数学·数学文化·解题方法 | 2022－01 | 58.00 | 1452 |
|  |  |  |  |
| 历届全国初中数学竞赛试题分类解析.初等代数 | 2022－09 | 98.00 | 1555 |
| 历届全国初中数学竞赛试题分类解析.初等数论 | 2022－09 | 48.00 | 1556 |
| 历届全国初中数学竞赛试题分类解析.平面几何 | 2022－09 | 38.00 | 1557 |
| 历届全国初中数学竞赛试题分类解析.组合 | 2022－09 | 38.00 | 1558 |